KB269721

음식이
몸이다

이기영 박사의 **참살이** 건강혁명

음식이 몸이다

－이기영 지음－

살림

우리 가정의 건강을 지키는 참살이 바이블

요즘 서구 가공식품위주의 패스트푸드들이 우리 식탁을 점령하면서 내 가족의 건강이 위험에 빠졌다. 이런 음식들은 여러 나라로 수출하기 위해 농약을 치고, 대량으로 생산하고, 오랫동안 저장하고, 지나치게 가공해 영양가가 거의 없는 나쁜 음식이다. 게다가 화려한 미사여구로 장식한 과대광고의 홍수 속에서 나쁜 음식의 진실을 파악하기란 매우 어렵다. 우리 몸의 건강에 필요한 좋은 음식을 얻기 위한 참살이 지식을 얻기란 쉽지 않은데 이 책이 많은 도움을 줄 것으로 기대한다.

『음식이 몸이다』는 우리 음식을 연구하고 직접 개발해온 과학자가 쓴 책이므로 매우 심층적인 과학지식에 근거해 기술되었다. 저자는 우리 전통음식이야말로 자연철학인 무위자연(無爲自然)과 상생(相生)의 정신이 가장 잘 녹아 있는 문화라고 말한다. 우리 음식은 나물이나 쌈 등 다양한 살아 있는 재료를 가공을 최소화시켜 만들므로 영양소 파괴가 적고 다양한 천연 영양물질을 그대로 섭취할 수 있다. 또한 음식을 가공하더라도 살아 있는 미생물을 이용해 발효시켜 맛이 깊어질 뿐만 아니라 오히려 더 많은 특별한 영양소들이 새로 생기고 소화도 잘 되게 한다. 주로 육류를 튀겨서 만드는 서양이나 중국 음식과는 전혀 다른 문화다. 육류를 300도에 가까운 뜨거운 기름에 튀기면 영양소가 파괴되고 발암물질이 생길 뿐만 아니라 소화도 잘 안 되므로 될 수 있는 대로 기름에 튀긴 음식은 피하는 것이 좋다.

요즘 서울 일부 지역은 아토피에 걸린 아이들이 절반이 넘는다. 게다가 어른들도 대부분 당뇨나 고혈압 같은 성인병으로 고통을 받다가 결국엔 암으로 세상을 떠나고 있다.

소중한 이 책을 마음 깊이 새기며 읽어 우리 가정의 건강을 지키는 참살이 바이블이 될 수 있도록 적극 추천한다.

2010년 12월 1일
한살림 상임이사 **조완형**

음식이란 무엇일까? 식물이나 동물 등 다른 생명체의 몸이다. 그들도 나와 마찬가지로 소중한 생명체다. 음식을 먹으면 그것은 바로 나의 몸이 된다. 좋은 음식을 먹어야 몸이 건강해지고 마음도 밝아진다. 나 역시 죽으면 다른 작은 생명체인 수많은 미생물의 먹이가 되어 썩어 사라진다. 인간도 엄연히 먹이사슬의 일부다. 먹이사슬이 자연스럽고 건강하게 잘 돌아가야 인간의 몸도 건강할 수 있다.

어린 시절 우리 집에서는 여느 시골집처럼 외양간에 소를 키웠다. 볏짚을 작두로 잘게 썰고 방앗간에서 가져온 분겨와 콩을 조금 섞어 가마솥에 부은 뒤 불을 때서 펄펄 끓였다. 커다란 나무를 파서 작은 배처럼 만든 여물통에 부어주면 건강한 황소가 김이 무럭무럭 솟아오르는 여물을 즐겁게 먹었다. 그 커다란 눈망울이 아직도 선명하게 기억난다. 당시에도 돼지에게는 집이나 식당에서 남은 음식물을 걷어다 먹였지만 소에게는 절대 먹이지 않았다. 그 이유는 옛날부터 소가 조금이라도 고기를 먹으면 미친다는 말이 전해내려왔기 때문이다.

그런데 이러한 자연법칙을 어기고 영국에서 스크래피 병으로 죽은 양고기를 사료로 만들어 풀만 먹는 소에게 대량으로 먹인 결과 광우병이 전 세계로 퍼졌다. 이 병은 동물 세포의 생체막 단백질 중 하나인 프리온의 물리적 구조가 변형되어 생기는 것인데, 제 기능을 잃은 프리온이 정상적인 프리온까지 변형시키면서 신경세포들을 망가뜨려 결국은 죽게 만드는 무서운 병이다. 그런데 아직도 미국은 소의 내장 등 버리는 부위로 만든 값싼 육골분을 다른 가축들에게 먹이는 것을 허락하고 있어 교차 감염 가능성이 그대로 남아 있다. 프리온 단백질 전염병은 소만 걸리는 것이 아니다. 대부분의 다른 동물도 걸릴 수 있다. 이 같은 사회적 부정의는 축산업자들의 로비로 정부 정책이 움직이기 때문이다. 건강한 마음과 몸은 도외시하고 돈이 모든 가치의 중심이 된 미국식 자본주의가 전세계에 퍼뜨리고 있는 위험인 것이다.

우리가 먹는 음식들은 대부분 동식물의 사체를 양분으로 삼은 식물이 태양빛을 이용해 공기 중의 이산화탄소를 흡수하고 결합시켜 만든 화합물로 이루어졌다. 이 때문에 우리 몸이 이용하는 에너지는 결국 태양빛이고 우리 몸도 주로 태양빛을 머금은 탄소로 이루어진 셈이다. 음식은 흙에서 나온 영양소인 각종 미네랄을 함유하고 있으며, 이것들은 음식이 우리 몸에서 소화되어 신진대사 과정을 통해 에너지 혹은 피와 살로 변하는 데 촉매처럼 사용된다. 따라서 갖가지 영양소가 균형 잡힌 자연 음식을 먹으면 대사가 잘 일어나 우리 몸이 건강해진다. 그러나 마트 식품코너에서 간편하게 구할 수 있는 가공식품들은 분리 정제 과정에서 미네랄이나 비타민, 효소 등이 제거되거나 파괴되어 영양의 균형이 깨지고, 유해색소나 방부제가 첨가되어 대부분 우리 몸에 해로운 것들이다. 이런 음식을 습관적으로 먹으면 대사가 비정상적이 되고 몸에 유해 화학물질이 쌓이면서 세포에 이상을 일으켜 몸이 망가질 수밖에 없다. 좋은 음식을 섭취해야 몸과 마음이 동시에 건강한 삶을 살 수 있다.

좋은 음식이란 자연의 법칙(道)에 따라 자연 속에서 자연스럽게 자라난 생물로 만든 음식이다. 이런 식물들은 온실에서 키운 농작물들과는 달리 크기가 작고 모양도 제각각이지만 향기와 맛, 색이 아주 진하고 질긴 것이 특징이며, 스스로 건강하게 땅에 뿌리박고 살아가기 위해 면역물질과 식이섬유를 많이 축적하고 있다. 이런 음식을 먹으면 면역력이 높아져 아토피나 암 같은 질병에 걸리지 않아 마음도 건강해진다.

산삼과 인삼의 차이를 생각해보라. 인삼은 엄청난 농약을 뿌려야 6년 근을 만들 수 있다고 한다. 그런데 산삼은 해충과 병원균을 퇴치하기 위해 스스로 많은 면역물질들을 축적해 살아남는다. 이 때문에 산삼은 병에도 쉽게 걸리지 않고 주변에 벌레도 없는 것이다. 인삼도 제대로 키우려면 농약을 절대 쓰지 말아야 한다. 비록 경작하는 것의 3분의 2가 죽더라도 역경을 딛고 살아남은 것들을 잘 키워야 약효가 높아진다. 이런 인삼은 향기도 강하고 맛도 진할 뿐만 아니라 뿌리도 단단하다. 유기농 음식이란 바로 이런 자연의 법칙에 따라 생산된 음식이다.

일찍이 노자는 자연을 조작하는 인간권력의 위험성을 깨닫고 무위자연으로 다시 돌아가라고 설파했다. 공자는 권력 유지를 위한 틀인 국가의 존재를 인정하고 그 안에서 음양오행이 바탕이 된 하늘의 뜻(理)에 따라 의롭고 선하게 사는 교육을 추구했지만 결국 권력자들에게 이용만 당하고 말았다. 과학이란 바로 자연의 법칙을 말하며, 노자의 도(道)는 자연의 법칙을 거스르지 않고 순리대로 사는 것이다. 공자의 천명(天明)은 다름 아닌 자연의 순리를 따르라는 하늘의 명령인 것이다. 비록 예전에는 지금처럼 과학이 발달하지 못했지만, 현자들은 자연계에서 일어나는 여러 가지 현상을 직관적으로 느껴서 자연이 가는 큰 길(道)의 방향을 읽을 수 있었다. 자연계에는 수없이 많은 법칙이 상호작용하면서 절묘하게 조화를 이루고 있다. 그런데 인간이 앞다투어 과학을 남용하고, 과학 원리의 일부만을 이용해 무한 권력을 추구한 결과 지구의 살림살이를 이끌어가는 다양한 원리들의 총체적 조화가 흔들리면서 물질과 에너지의 균형이 깨지고 말았다. 결국 온난화로 지구 생태계가 파괴되어 인류 문명이 붕괴의 위험에 처하게 된 것이다.

대대로 내려온 삶 속에 자연철학의 정신이 살아 있었던 어린 시절, 어머님은 우리 잘못을 꾸짖으실 때 잘못했다거나 옳지 않다는 말씀대신 '자연스럽지 못하게 그게 뭐냐?'라고 말씀하셨다. '자연스러움'이 모든 가치의 중심이었던 것이다. 우리의 전통문화는 노장사상이나 유학의 발원지인 중국보다도 자연철학의 정신이 더 생활 속 깊숙이 뿌리내려 식생활은 물론 주택이나 의복에까지 독특하고 건강한 향기를 풍긴다.

우리의 전통 음식은 중국이나 서양과는 달리 지나치게 가열하거나 기름에 튀기지 않았기 때문에 자극적이지 않고, 가능하면 나물이나 보쌈처럼 싱싱한 자연 그대로를 섭취하는 것이 많다. 또한 가공을 하더라도 김치나 된장처럼 자연의 살아있는 미생물들을 이용해 발효시켜 오히려 영양가가 더 높아지고 깊은 맛을 추구하는 방식을 취했다.

과학이란 세상이 돌아가는 수많은 법칙을 알아내 실생활에 이용하는 학문이다. 그러나 극미한 세포 하나에 숨어 있는 법칙도 아직 완전히 풀지 못한 인류가 빙산의 일각에 불과한 과학 지식을 탐욕적으로 남용한 결과 지구 생태계가 파괴되면서 공멸의 위기에 처한 것이다. 우리는 이제 단편적인 과학 지식을 통합하여 세상을 거시적으로 바라보고, 지구 생태계와 우리 몸의 살림살이의 깨진 균형을 회복할 방안을 모색해야 한다. 이 책에서는 우리가 다시 회복해야 할

참 삶을 이해하기 위한 생활과학의 원리들을 음식을 중심으로 소개
한다. 이 원리를 익혀 자본의 노예 상태에서 벗어나 스스로 건강한
참살이의 길로 들어설 수 있기를 바란다.

이기영

contents

제1부

가공식품과
패스트푸드의 폐해

바그너 할아버지의 초록 식탁

현재 음식으로 인해 생기는 대부분의 건강문제는 서구에서 들어온 가공식품과 패스트푸드가 전통 음식을 밀어내고 식탁을 점령하면서 일어나기 시작했다. 우리가 먹고 있는 곡류, 육류, 채소 등 대부분의 식재료들은 기계를 이용한 자연스럽지 못한 방법으로 단기간에 대량생산된다. 이러한 재료를 가공해 만든 식품에는 운송과 저장의 편의성을 높이기 위해 농약이나 방부제를 사용한다. 그뿐만 아니라 소비자들을 현혹하기 위해 현란한 발암성 화학색소를 첨가하고, 맛을 내기 위해 화학조미료와 당분, 소금을 과다하게 쓰며, 기름에 튀기는 조리법을 주로 사용한다.

더군다나 가장 많은 양이 소비되는 식재료인 흰쌀, 밀가루, 설탕,

식용유 등은 수많은 가공 과정을 거치는 동안 영양소들이 거의 다 제거된다. 이것들은 소화는 잘 되지만 칼로리가 높고 미네랄이나 비타민, 피토케미컬 등의 영양소가 매우 적기 때문에 우리 몸에 소화 흡수되어도 에너지대사가 정상적으로 진행될 수 없다. 당분이 대사되지 못하고 피에 쌓여 오줌에 섞여 나가면 당뇨가 되고, 에너지로 전환되지 못하고 지방이 되어 간에 쌓이면 지방간이 되고, 내장에 쌓이면 내장지방, 피하지방에 쌓이면 비만이 된다. 이러한 대사장애 때문에 대사병이라고 불리는 당뇨, 고혈압, 비만, 뇌졸중과 같은 만성병으로 현대인들이 고통받는 것이다.

각종 기계설비와 아까운 에너지를 써가면서 오히려 소중한 영양분을 죄다 없애버리다니 얼마나 어리석은 일인가. 이렇게 비효율적인 일이 어떻게 일어나고 있는지 이해할 수가 없다. 이는 현대인이 영양가보다는 자극적인 맛과 외관만을 중시하기 때문에 일어나는 일이다. 그러나 흰 쌀밥 대신 현미잡곡밥을 먹는 습관을 들이면 현미잡곡밥이 흰 쌀밥보다 더 맛있다는 사실을 알 수 있다. 실제로 현미는 식이섬유가 많아 입 안에서 느껴지는 질감이 거칠기는 하지만 미네랄, 비타민, 효소, 필수지방산이 함유된 지방질이 많으므로 더 고소한 맛을 내기 때문이다.

따라서 우리의 건강을 노리는 각종 식품들의 위협에서 벗어나 건강한 식탁을 지키기 위해서는, 먼저 식재료에 관련된 과학 원리를 아는 것이 우선이다. 그리고 생활 속에서 하나씩 바꿔야 할 것이다.

몇 년 전에 독일의 수도 베를린을 방문한 적이 있다. 모교인 베를린 공대에서 2주 동안 열린 '신재생 에너지 워크숍'에 참석하기 위해서였다. 나는 매일 새벽에 일어나 정성을 기울여 써 갓 출판된 『지구가 정말 이상하다』라는 제목의 책을 들고 유학 초창기에 살았던 베를린 남서부의 첼렌돌프 마을에 있는 한 집을 찾았다.

내가 찾던 집은 제2차 세계대전이 끝난 뒤에 지어진 오래된 연립주택이었다. 20년이나 지난 희미한 기억을 더듬어 주변을 몇 번이나 돌다가 겨우 찾아냈다. 그러나 그 집은 문이 굳게 닫혀 있었다. 마침 그전부터 살던 이웃집 노부부를 만나서 집주인 헤르만 바그너 할아버지에 대한 그동안의 일들을 조금이나마 들을 수 있었다. 음악 명가 바그너 가의 일원으로 베를린필하모니의 바이올리니스트였던 바그너 할아버지는 5년 전 101세의 연세로 돌아가셨다고 한다. 지금은 딸이 그 집에 살고 있는데 바로 30분 전에 휴가를 떠났다는 말을 듣고 아쉬움에 발길을 돌렸다.

1985년 독일에 처음 도착했을 때 바그너 할아버지는 갓 결혼한 가난한 우리 부부에게 집세도 받지 않고 살게 해주셨다. 할아버지는 당시 85세의 고령이었는데도 불구하고, 한겨울에도 방의 창문을 조금 열어놓고 딱딱한 대나무 침대에 담요 한 장만 달랑 덮고 주무셨다. 매일 새벽 다섯 시에 일어나 냉수마찰을 하고 난 뒤 가부좌로 앉아서 명상에 들어갔고 이어서 느린 동작의 중국식 기공체조를 하셨다. 대개 오전 열 시경이나 되어야 간소하게 채식으로만 식사를 했는데 키가 크고 마른 몸매였지만 매우 건강하셨다. 할아버지와 나는 가끔 집 뒤에 있는 공원에서 함께 탁구를 치고는 했는데 어찌나 체력이 좋으신지 한 시간을 넘게 쳐도 지치실 줄을 몰랐다. 오히려 내가 먼저 약속이 있다고 둘러대고 도망쳐 나올 정도였다. 가끔 우리 부부를 저녁에 초대해 유기농 식사를 대접해 주셨고, 매달 제자 음악인들을 초청해 하우스 콘서트를 열어 기쁘게 해주셨다. 할아버지는 우유도 안 드실 정도로 지독한 채식주의자였는데, 특별히 레폼하우스라는 유기농 식품점에서 사온 채소나 식품들만 드셨고 저녁 식사는 대개 유기농 식당에서 친구들과 함께 하셨다. 독일은 1만여 명의 농민이 유기농 농업에 종사하고 생산되는 농산물 총 판매액 중 5퍼센트(소매 기준) 정도가 유기농 농산물인 대표적인 친환경 농업국이다. 주말에는 도시 곳곳에서 유기농산물 직거래 장터가 열려 전체 유기농산물의 20퍼센트 가량이 거래된다. 우리는 가끔 할아버지와 함께 주말시장에 가서 각종 과일과 채소들을 사 담으며 즐겁게 보냈다. 특히 할아버지는 우리 고유의 발효 음식인 콩으로 만든 된장과 간장, 김치, 김 등에 관심이 많으셨다. 식품을 전공한 나는 한국의 발효 음식에 대해 많은 것을 알려드렸고 한국 음식문화의 우수성을 자랑하기도 했다. 우리는 할아버지와 한국식 식사를 함께 하기도 했고, 부모님께서 김이나 미역 등을 소포로 보내 주시면 일부를 나누어 먹기도 했다.

바그너 할아버지는 과학의 발전을 바탕으로 탄생한 서구의 현대

산업 문명이 지구상의 다른 소수 문명을 파괴해 왔을 뿐만 아니라, 자원과 화석에너지 남용으로 지구 생태계를 망가뜨려 인류 문명 전체를 파멸로 이끌어가고 있다고 말씀하셨다. 동양의 자연주의 문화에 관심이 많았던 할아버지는 파괴적인 현대 문명의 대안으로 자연철학이 담긴 노자와 장자를 내게 가르쳐 주셨다. 나는 동양인이면서도 당시 유행했던 실존철학이나 민중신학 등 서양철학에는 일찍 눈을 떴으나 정작 동양사상에 대해서는 아는 게 없어서 매우 부끄러웠다. 할아버지의 영향으로 환경문제에 눈을 뜨게 된 나는 바이오 알코올 생산시 생기는 폐수를 이용한 효모 생균사료 생산 연구로 박사학위를 마쳤고, 오늘날까지 문화를 통한 환경운동을 이어오게 되었다.

환경은 건강한 삶과 직결되는 문제이며 환경문제를 생각하면 우리의 먹을거리 문화를 점검해보지 않을 수 없다. 현재 우리 사회에서는 미국적 세계화로 물밀 듯이 들어온 서양 국적의 패스트푸드가 우리의 전통 식단을 밀어내고 식탁을 점령해 버렸다. 이 때문에 성인들은 현대병으로, 아이들은 아토피와 비만증으로 건강을 위협 받고 있다. 이러한 현대병에서 해방되려면 다시 전통적인 식탁으로 되돌아가야 한다. 평화로운 세상을 만들기 위해서는 온순한 초식동물처럼 채식을 많이 해야 한다. 현대 세계사를 돌아보면 육식 위주의 식생활 문화를 가진 서구 제국주의가 소수민족의 문화를 정복하고 대량 살상 무기를 동원해 자연을 대규모로 파괴해 오지 않았는가? 과학자들은 세계적으로 몸에 좋다고 소문난 유럽의 지중해 음식보다 우리의 전통 음식이 참살이에 한 수 위라는 결론을 내렸다. 2006년 미국의 건강전문잡지 「헬스」는 한국의 김치, 일본의 낫토를 비롯한 콩 발효식품, 인도의 렌틸콩(말린 콩), 스페인의 올리브유, 그리스의 요구르트를 세계 최고의 5대 건강식품으로 선정했다. 여기에는 김치는 물론이고 콩 식품이 2가지나 포함되어 있는데, 우리나라는 콩의 원산지이자 발효음식 왕국으로 두장문화(豆醬文化)를 꽃피웠으며, 이러한 문화가 일본을 비롯하여 동남아 여러 나라로 퍼져나갔다. 특히 콩으로 만드는 된장, 청국장은 세계적으로 인정받는 우수한 우리 전통식품이다. 우리 민족은 쌀과 보리 등의 곡류에서 탄수화물을 섭취하고, 단백질은 콩에서 섭취한다. 또한 김치를 비롯하여 각종 비타민이 풍부한 다양한 침채류 반찬을 함께 먹는다.

그러나 소금(권장량의 250퍼센트)과 비타민 C(148퍼센트)의 섭취는 너무 많고 칼슘(41퍼센트), 섬유질(75퍼센트), 철분(76퍼센트)의 섭취는 지나치게 부족하다. 데우거나 태운 음식과 알코올 섭취도 과도하며, 아침밥을 굶거나 외식을 너무 많이 하는 것도 개선되어야 한다. 특히 남성들은 직장에서 저녁 외식을 하는 경우가 많은데, 이는 40대 남성의 성인병과 돌연사의 주요 원인이다. 외식을 하면 삼겹살이나 꽃등심 등 포화지방과 콜레스테롤이 많은 육류를 주로 먹게 되고, 과도한 음주를 동반하는 경우가 많다. 또한 밖에서 먹는 음식에는 자극적인 수입 식료품을 많이 사용하므로 건강에 이로울 리 만무하다.

　건강한 삶을 유지하려면 한국식을 중심으로 한 식단으로 음식을 준비하되 현미잡곡밥, 과일, 물 등을 더 많이 섭취하고 외식을 줄여야 한다. 지나친 소금 섭취는 위암의 원인이 되기도 한다. 특히 국이나 찌개, 칼국수 등 소금 함량이 높은 음식은 국물을 다 먹지 않는 것이 좋다. 물론 짠 젓갈도 적당히 먹는 것이 좋다. 지금도 100세가 넘게 건강하게 사셨던 바그너 할아버지의 녹색 식탁이 잊혀지지 않는다.

『도덕경』의 무위자연(無爲自然)

　　자연철학의 성서라 할 수 있는 『도덕경』의 핵심주제는 무위자연(無爲自然)이다. 무위자연이란 인간이 이기적인 목적을 위해 자연을 함부로 조작하지 말아야 한다는 뜻이다. 자연의 모든 구성원들은 생물은 물론 무생물인 공기나 흙 등도 모두 서로 유기적으로 연결되어 공동운명체를 이룬다. 인간도 자연의 일부분이므로 자연이 파괴되면 당연히 인간도 망가진다. 17세기 말에 영국에서 일어난 산업혁명 이후 인간이 기계를 이용해 자원을 낭비하고 함부로 개발해 생태계가 파괴되면서 지구온난화를 불러왔고, 기상이변으로 인류문명 전체가 공멸의 위험에 직면하고 있다. 또한 원래는 존재하지 않았던 농약이나 플라스틱 등 석유로 만든 각종 화학물질들이 생태계에 쌓이면서 암으로 죽는 사람들이 급증하고, 환경호르몬 때문에 불임을 일으켜 동물은 물론 인류의 멸종까지 우려되고 있는 상황이다. 한편, 구제역이나 조류독감이 성행해 수백만 마리의 가축을 생매장하는 비극이 매년 되풀이 되고 있다. 이는 효율적인 생산을 위해 빨리 자라거나 알을 잘 낳는 한두 가지 종을 똑같은 사료를 먹여 대량생산하기 때문에 일어난 비극이다. 조류독감은 야생조류들에게는 그저 지나가는 감기수준의 바이러스 질병일 뿐인데 단일종으로 이루어진 닭과 오리 같은 가축들에겐 치명적이다. 사람들이 돈을 많이 벌기 위해 다양성과 상생의 순리를 저버리고 한 가지 종으로만 단일화시켰기 때문에 일어난 생태계 파괴의 비극이다. 유전자 조작도 같은 결과를 불러 생태계의 재앙을 부르고 있다. 이 모두 노자가 말한 무위자연을 거스른 결과다. 공자도 자연을 알고 이를 실천하며 사는 완성된 인간을 군자(君子)라 일컬으며, 군자를 화이부동(和而不同)이라고 표현했다. 이는 군자는 서로 다른 이들과도 조화를 이루어 서로 살린다는 상생(相生)을 뜻한다. 공자는 또한 군자를 '태이불교(泰而不驕, 태연하고 교만하지 않다)'라고도 표현했다. 서로 비교하거나 경쟁하지 않고 존중하며 산다는 뜻으로 자연의 동식물들처럼 조화롭게 살라는 말이다. 군자는 자연의 순리에 따라 사는 사람이란 말이다.

당뇨의 섬 미크로네시아, 비만의 나라 한국

세계적 관광지인 남태평양의 섬나라 미크로네시아는 성인의 90퍼센트가 비만 환자로 비만율이 세계 2위이고, 성인의 70~80퍼센트가 당뇨병으로 고통받고 있다. 제2차 세계대전 이후 미국 통치령이 되면서 식생활도 미국식으로 바뀌었기 때문이다. 패스트푸드와 가공식품 위주의 식사는 육류 및 당류를 과도하게 섭취하게 만든다. 미크로네시아의 사람들은 자루처럼 생긴 통옷을 입은 거구의 몸에 발을 절룩거리거나 한쪽 발이 없는 경우가 많아 정말 지옥 같은 모습이라고 한다. 전반적으로 교육 수준이 낮은 원주민들은 아직도 맨발로 생활하는 사람들이 많은데, 당뇨 환자들은 상처를 입어도 잘 낫지 않아 발을 절단한 사람들이 많기 때문이다. 혈관이 있는 곳이면 어디든지 문제를 일으키는 당뇨병은 실명을 유발하는 '망막증', 다리가 썩어들어가는 '족부궤양' 같은 치명적인 합병증을 일으킨다.

1990년대 이후 미국이 금융자본을 독점하면서 확산된 세계화는 전세계의 빈익빈 부익부 문제를 심화시켰을 뿐만 아니라 세계인들의 건강과 지구 환경까지 위협하고 있다. 햄버거 같은 패스트푸드와 콜라를 세계 도처에 퍼뜨리면서 전통 식생활을 몰아내고, 소를 방목하기 위해 숲을 파괴하고 있다. 나무를 베어내면 그만큼 이산화탄소의 흡수가 줄어드는데, 설상가상으로 흙 속의 유기물질들이 산화되면서 이산화탄소를 뿜어내므로 지구온난화를 더 악화시킨다. 그뿐만 아니라 소들은 혐기성 미생물이 사는 되새김위를 갖고 있어 메탄가스를 뿜어내므로 2중, 3중으로 지구온난화를 촉진시킨다. 메탄가스는 이산화탄소에 비해 20여 배나 더 지구온난화를 촉진시키는 물질이다. 실제로 메탄가스는 이산화탄소 다음인 2위로 지구온난화에 15퍼센트나 기여하고 있다. 미국은 1인당 석유 소비량이 평균의 10배 이상으로, 지구상에서 석유를 가장 많이 소비하는 나라이면서도 지구온난화 방지 협약인 교토의정서에는 서명하지 않고 있다. 결국 지구의 환경을 파괴시키는 환경파괴 제국인 셈이다.

원래 미크로네시아 원주민들은 섬에서 자생하는 코코넛, 빵나무 열매, 바나나, 바다에서 잡은 물고기 등을 먹고 살았다. 그러나 1947년 이후 미국의 신탁통치를 받으면서 버터, 설탕, 통조림 고기와 콜라 위주로 식생활이 바뀌었고 동네마다 햄버거, 피자 등 패스트푸드점이 생겼다. 원주민들은 달고 기름진 음식에 빠져들었다. 비만 환자가 늘어나고 당뇨병도 증가했다. 과체중으로 인한 관절염은 일반적인 현상이 되었다. 최근 과학자들은 비만세포에서 분비되는 레지스틴이라는 물질이 인슐린의 작용을 방해해 비만 환자들이 쉽게 당뇨병에 걸린다는 사실을 알아냈다.

그러나 이러한 문제는 미크로네시아뿐만 아니라 바로 지금 우리나라에서도 일어나고 있다. 세계화와 1997년의 외환위기 이후 미국에서 건너온 햄버거, 피자, 치킨, 도넛 가게들이 도심지마다 즐비하게 들어섰다. 또한 과외 공부나 컴퓨터 게임 때문에 활동량이 부족해진 아이들은 비만과 소아당뇨에 무방비한 상태다. 교육부가 공개한 2009년 학생건강검사 표본조사 결과'에 따르면 고등학교 3학년의 평균 신장은 173센티미터 안팎으로 지난 5년간 거의 변화가 없었다. 그러나 학생들의 비만도는 2006~2007년 11.6퍼센트에서 2008년 11.2퍼센트로 줄어들다 2009년 13.2퍼센트로 2008년보다 2퍼센트 올라가 다시 증가세로 돌아섰다. 특히 표준체중의 50퍼센트를 초과하는 고도비만 학생의 비율은 2004년 0.77퍼센트에서 2006~2008년 0.8퍼센트, 2009년 1.1퍼센트로 늘어 처음 1퍼센트를 넘어섰다. 고도비만율은 고등학생 남자가 1.8퍼센트로 가장 높았다.

비만 학생에 대한 혈액검사 결과 혈당 상승 1.8퍼센트, 총콜레스테롤 상승 1.6퍼센트, 간기능 검사 이상 12.9퍼센트로 나왔다. 이 조사 결과는 서울대 보건대학원이 초·중·고 468곳을 표본 추출한 뒤 학생 11만 2,191명의 신체발달 상황 및 3만 7,401명의 건강검진 결과를 분석한 것이다. 한편, 보건복지가족부가 발표한 자료에 따르면 전체 성인의 비만군 비율이 31.7퍼센트로 집계되어 한국 남성의 비만율이 아시아 최고에 올랐다고 한다. 공식적인 비만 환자 수도 5년 만에 9배나 증가해 해를 거듭할수록 국내 비만 인구가 늘어나고 있다.

비만 환자가 되면 당뇨, 고혈압, 뇌출혈과 같은 질병에 걸릴 확률이 더 높아질 뿐만 아니라 대인관계에서 자신감이 떨어지고 사회생활에 문제가 생기기도 한다. 또한 암으로 인한 사망률도 자궁암은 5.4배, 자궁경부암은 2.4배, 유방암은 1.5배, 대장암은 1.7배, 전립선암은 1.3배로 높아진다.

비만 환자가 되지 않으려면 평소의 생활습관이 무엇보다 중요하다. 300도에 가까운 높은 온도에서 튀기거나 지나치게 가공한 패스트푸드는 가급적 먹지 않아야 한다. 대신 신선한 채소와 발효식품을 많이 섭취해야 한다. 이런 음식은 우리 몸의 신진대사를 촉진한다. 특히 전통적인 한식은 신진대사를 활성화시키는 대표적인 음식이다. 몸에서 에너지가 충분히 만들어져 두뇌에도 좋고, 몸을 따뜻하게 보해준다. 체중을 줄이려면 엘리베이터나 에스컬레이터를 타지 말고 계단을 걸어 올라가자. 집안의 리모컨을 모두 치우고 컴퓨터 사용 시간도 일주일에 두세 시간으로 제한하자. 건강한 생활습관이 건강한 몸과 마음을 만든다는 사실은 아무리 강조해도 지나치지 않다.

날씬해지려면 매일 한식을 먹어라

서양음식이 들어오기 전, 우리나라에는 비만이 거의 없었다. 1970년대 초반 내가 다니던 중학교에는 뚱뚱한 아이가 딱 한 명 있었는데, 도시락 반찬으로 소시지를 싸오는 부잣집 아이였다. 당시 햄이나 소시지는 미군부대에서 흘러나온 귀한 음식이었고, 나는 한 조각이라도 먹어보는 것이 소원이었다. 그러나 이제 이런 가공식품은 어디에서나 손쉽게 구할 수 있게 되었고, 이 때문인지 우리나라 성인 비만율이 미국보다 더 높아졌다는 믿기 어려운 조사 결과가 보도됐다. 비만은 당뇨로 이어진다. 우리나라는 비만율의 증가와 함께 당뇨 인구 1,000만 명 시대로 접어들었고 결국 '국민 당뇨대란'이 기정사실화되었다.

다이어트 컨설팅 그룹 〈쥬비스〉의 조성경 대표는 한식다이어트 전도사다. 평소에 한식을 먹는 것만으로도 충분히 다이어트가 된다는 것이다. 이 회사 부설 비만 연구소에서 우리나라 여대생들의 외식 성향과 체중을 비교 조사했다. 그 결과 패스트푸드를 즐겨 먹는 학생들은 과체중 그룹에 들었고, 한식을 즐겨 먹는 학생들은 대부분 정상이나 저체중이었다. 한식을 먹는 식습관이 다이어트에 효과가 있다는 사실이 확실해진 것이다. 한식은 칼로리가 높은 음식도 결과적으로는 체중 조절에 도움이 되므로 다이어트에 한식만한 음식은 없다.

한식을 먹으면 에너지대사가 촉진되어 당분이 지방으로 쌓이지 않고 분해되면서 열이 생기기 때문에 몸이 따뜻해진다. 한식은 채소 함량이 세계 평균의 2배이며, 생채로 무치거나 발효시키는 등 열을 거의 가하지 않고 조리하는 음식이 많아 비타민이나 미네랄, 식이섬유가 그대로 살아있다. 가공을 하더라도 살아 있는 미생물을 이용한 발효식품이 많다. 발효식품은 미생물의 대사산물로 인해 각종 생리활성 펩타이드와 필수 아미노산, 비타민 등이 만들어져 영양가가 더 높고 소화도 잘 된다. 우리의 전통적 자연철학인 무위상생(無爲相生)의 정신이 음식문화에도 깃들어 있는 것이다. 이미 우리의 한식문화는 대표적인 건강식으로 전 세계의 주목을 받고 있다. 이제 전통적인 한식 위주의 식습관을 되찾아 건강을 위협하는 비만과 당뇨의 악순환을 끊어야 할 것이다.

유기농의 천국 쿠바

관광지로만 알려졌던 쿠바가 성공적인 유기농업의 정착으로 세계의 주목을 받고 있다. 쿠바는 미국과의 오랜 분쟁으로 인해 경제봉쇄를 받아왔는데, 1991년 구소련이 붕괴되자 대부분 소련에서 수입해 왔던 비료와 농약뿐만 아니라 석유마저 한꺼번에 공급이 중단됐다. 트랙터 같은 농기계도 가동을 멈췄다. 무원고립의 처지가 된 쿠바는 이 위기를 극복하기 위한 해결책으로 도심지에서 유기농업을 시작했다. 그런데 지금은 오히려 많은 외국의 농업인들과 환경단체들이 쿠바의 유기농업을 배우기 위해 방문하고 있다.

카리브 해에 그림처럼 떠 있는 쿠바는 인구 1,100만 명의 작은 열대 섬나라로 미국 본토에서 불과 200킬로미터 떨어져 있다. 쿠바는

수백 년 동안 스페인과 미국의 식민지 지배하에서 고통받다가 1959
년 카스트로가 쿠바공산혁명을 승리로 이끌면서 독립했다. 자본주
의 종주국인 미국은 케네디 대통령 시절인 1962년 핵 위기 사태를
일으키는 등 눈앞의 가시 같은 존재인 공산주의 나라 쿠바의 경제를
완전히 봉쇄했다.

다른 나라들과 마찬가지로 대기업 농장 중심으로 화학비료를 사
용하던 쿠바가 이처럼 유기농업혁명을 시도한 것은 사회주의 경제
의 붕괴가 계기가 되었다. 1991년 구소련이 해체되면서 수입에 의존
했던 연간 100만 톤의 화학비료, 200만 톤의 사료작물, 2만 톤의
농약과 농기계 부품 및 석유를 한꺼번에 공급 받을 수 없게 되었다.
1991년 9월 카스트로는 식량위기를 극복하기 위해 특별선언을 선포
하고 전 국민적인 유기농업을 시작했다. 농촌에서만 농사를 짓는 것
이 아니라 관공서나 주택 사이의 빈 공터에도 텃밭을 가꾸어 자급
자족할 수 있는 '도시농장'을 퍼뜨리기 시작했다. 특히 여성들이 중심
이 되어 10년 동안 진행된 쿠바의 유기농업 실험은 대성공이었다.

유기농업의 핵심은 '흙 살리기'였다. 화학비료와 농약의 남용으로
황폐해진 농지를 살리기 위해서는 최소 3~5년의 세월이 필요하다.
그런데 지렁이를 이용한 방법이 효과를 거두면서 그 시간을 단축할
수 있었다. 지렁이는 음식물쓰레기 등 유기성 폐기물을 이용해 도시
의 황폐한 땅을 농사에 필요한 옥토로 전환시키는 역할을 했다. 또
한 농업 과학자들은 조상 대대로 내려오는 농사기술을 발굴해 과학

기술과 접목시켜 농민들과 실험하는 일을 거듭했다. 해충을 제거하는 일도 자연이 담당했다. 인도에서 수입한 님(Nim) 나무를 전국에 보급해 해충을 없애는 재료로 쓰고, 농장 주변에 해충이 기피하는 식물을 심어 자연방제를 실시하도록 했다.

쿠바는 유기농업을 시작하기 전에 43퍼센트에 불과했던 식량 자급률을 거의 100퍼센트로 끌어올려 완전 자급자족을 실현했고, 유기농업의 메카로 인식되면서 수출도 호조를 보이고 있다. 또한 전 국민이 유기농 식품을 섭취하자 병원을 출입하는 환자 수가 30퍼센트나 줄어들고 영아 사망률이 세계에서 두 번째로 낮아지는 등 북미와 남미를 통틀어 가장 건강한 나라가 되었다.

요즘 학교나 집에서 지렁이 화분을 이용해 음식물쓰레기를 퇴비로 바꾸어 채소를 심어 먹거나 꽃을 키우는 일이 환경보호를 위한 실천방법으로 각광 받고 있다. 지렁이도 밟으면 꿈틀한다는 말처럼 지렁이는 약한 존재의 대명사다. 눈, 코, 귀는 물론이고 다리조차 없어 그야말로 미물 중의 미물이다. 그러나 이 세상에 지렁이처럼 중요한 존재도 없다. 만약 세상에서 지렁이가 사라진다면 지하세계는 유기물의 분해가 원활히 이루어지지 않아 토양의 질이 떨어지면서 점차 황폐해져 갈 것이다. 지렁이는 쿠바를 유기농의 메카로 만든 숨은 주역이라고 할 정도로 황무지를 비옥한 땅으로 바꾸는 데 일등공신의 역할을 한다.

지렁이는 암수동체로 알을 낳아 부화하며 흰색, 분홍색, 갈색까지

색깔이 다양하다. 크기도 1센
티미터 정도의 작은 것부터 호
주 지렁이처럼 3.5미터나 되
는 긴 것도 있고, 잡혀먹히지
않으면 10여 년 동안이나 살
수 있는 장수 동물이다. 흙 속
에서 살면서 유기물질 쓰레기
를 분해하고 검은 흙똥인 분
변토를 배설해 땅을 비옥하게
만든다. 보통 유기물을 퇴비로
바꾸려면 좋은 조건에서 발효

쿠바의 유기농 도시 농장.

시켜도 한 달은 걸리지만, 지렁이는 단 이틀 만에 보통 퇴비보다 훨
씬 뛰어난 분변토를 만들어낸다. 따라서 농부와 정원사에게 지렁이
는 최고로 인기 있는 애완동물이다. 지렁이는 2.5미터 깊이의 땅속
까지 팔 수 있고, 1제곱미터의 땅에서 최고 250마리까지 살 수 있
다. 지렁이는 땅 표면과 내부의 흙을 순환시키고 공기를 섞어줄 뿐만
아니라 빗물이 잘 스며들게 해 땅을 살리므로 그야말로 자연의 쟁기
인 것이다.

우리는 지렁이를 혐오동물로 취급하지만 쿠바에서는 지렁이가 도
시의 농부로 불린다. 쿠바는 도시농업이 발달해 정부가 개인에게 싼
가격으로 소규모의 땅을 임대해 주고 개인은 흙상자 농법으로 각종

채소와 과일을 직접 길러 먹는다. 우리나라에서는 20~30센티미터가량 땅을 파서 씨앗을 뿌리지만, 쿠바에서는 말구유 같은 것에 흙을 담아 화단처럼 만들어 농사를 짓는다. 도시의 공터나 학교 운동장, 쓰레기 매립지에 가면 이런 밭들을 많이 볼 수 있다. 농약을 뿌리지 않기 때문에 미생물이나 지렁이가 잘 자라 잡풀이나 남은 음식물 등의 유기성 쓰레기까지 분해해 퇴비로 만든다.

지렁이는 낚시미끼로 이용되기도 하지만 최근에는 보습 효과가 뛰어난 화장품을 만드는 데 원료로 사용되기도 한다. 클레오파트라도 지렁이로 만든 화장품을 이용했었다고 전해온다. 만약 지렁이가 없어진다면 세상이 모두 사막으로 변할 것이다. 중국에서는 사막화로 인해 유실된 땅을 복원하기 위해 지렁이 공법을 이용하고 있다. 이런 이유로 우리나라의 한 환경단체는 지렁이에게 환경상을 수여했다. 유기농업이 전 세계로 확대되어 지렁이 왕국이 지하세계를 지배해 주기를 바라는 것은 너무 요원한 일일까?

피토케미컬 함량이 높은
유기농 채소와 과일은 항암 보약

지역의 기후에 맞는 제철 작물을 유기농으로 재배하면 향기와 색깔이 진하고 영양이 풍부한 농산물을 생산할 수 있다. 그러나 비닐하우스에서 재배한 작물은 면역물질이 만들어지지 않아 맛과 향이 없이 달기만 하고 영양도 크게 떨어진다. 한 예로, 예전에 대부분 노지에서 재배하던 토마토는 향이 진하고 단단했으나, 지금은 무르고 향도 거의 없는 부드러운 토마토 일색으로 변질됐다. 이것은 생산량을 늘리기 위해 농약을 살포하는 재배방식 때문이기도 한다. 식물에 기생하는 해충이나 병원균을 없애기 위해 농약을 뿌리면 식물은 자기 스스로 면역물질을 만들 필요가 없어지기 때문이다. 잔류 농약이 쌓이고 면역력이 떨어진 채소와 과일을 오랜 기간 섭취한 결과 많은 아이들이 아토피 피부염에 걸리고 암 발병률이 점점 높아지고 있다.

피토케미컬은 암 예방에 관여한다. 피토케미컬은 '식물'이라는 의미의 접두사 '피토(Phyto)'와 화학물질을 뜻하는 '케미컬(Chemical)'을 결합한 용어로, 채소나 과일 등에 함유된 향과 맛 그리고 색소 성분을 일컫는다. '제7의 영양소'라고도 불리는 피토케미컬은 그동안 단순히 항산화 작용을 통해 세포의 손상을 막는 역할을 하는 것으로만 알려져왔는데, 최근에는 각종 염증과 암의 발생 과정에서 중요한 특정 신호전달 단백질과 직접 결합하고 이를 조절함으로써 질병의 예방과 치료에 효능을 나타낸다는 사실이 밝혀졌다.

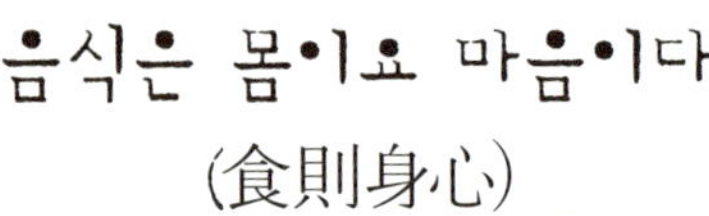

음식은 몸이요 마음이다
(食則身心)

우리가 자주 먹는 대부분의 가공식품은 상품성을 높이기 위해 첨가물을 사용한다. 단순히 맛을 좋게 하거나 저장 기간을 늘리기 위한 가공에만 중점을 두기 때문이다. 사람들의 눈길을 끄는 화려한 색깔을 내기 위해 인공색소를 첨가하는 식품도 상당히 많다. 당장은 쉽게 느낄 수 없지만 오랫동안 섭취할 경우 건강을 해치는 원인이 된다. 수많은 경고에도 불구하고 아직도 우리는 화학첨가물질의 유해성과 가공식품의 영양소 불균형 문제를 쉽게 간과하고 있다.

사람은 매일 1킬로그램 정도의 음식을 먹고 1.5리터의 물과 20킬로그램에 가까운 공기를 마시며 산다. 우리가 섭취한 물질은 몸속에 들어와 물에 녹은 상태로 각종 소화 효소에 의해 잘게 분해된 후 혈관에 흡수된다. 소화된 영양소는 산소와 함께 우리 몸을 이루는 수십조 개의 세포로 운반되며, 포도당을 비롯한 에너지원은 미토콘드리아라는 세포 내 기관에서 산화되어 신진대사를 거쳐 에너지 저장체인 아데노신삼인산(ATP)으로 전환된다. 간에서는 이들 소화된 물질을 이용해 몸에 필요한 단백질이나 호르몬 등 각종 물질을 합성하고, 남은 에너지원은 글리코겐이나 지방으로 전환시켜 저장한다. 소화되지 못한 나머지 음식은 대장에 서식하는 미생물의 먹이가 되고 변으로 체외 배출된다. 그러므로 변의 모양은 건강의 바로미터다. 건강한 사람의 변은 색깔이 밝은 황금색이며 잘 증식한 건강한 미생물이 풍부해 부드럽고 양이 많으며 악취가 적다. 또한 물을 뺀 고형분의 절반 이상이 미생물이므로 락토바실러스와 비피더스균 같은 몸에 이로운 미생물이 풍부해 건강한 사람의 변은 다른 동물들의 생균사료 역할을 할 수 있다. 생균사료는 장내의 좋은 세균들을 활성화시키는 정장작용을 하거나 콜레스테롤을 낮추고 암을 예방해 주는 요구르트와 같은 역할을 한다. 그래서 인분을 먹고 산다는 제주도산 검은 똥돼지가 건강하고 고기도 맛있는 것이다.

똥은 분해된 저분자 물질들의 휘발성 때문에 냄새가 나지만, 결코 해롭거나 멀리할 물질이 아니다. 각종 효소와 유산균이 풍부하게 들어 있는 유기물이며, 분해되면 좋은 비료가 된다. 정말로 해로운 것은 깨끗하고 맛있게 보이지만 각종 화학물질과 환경호르몬이 잔뜩 들어 있는 가공식품이나 각종 화학세제, 플라스틱 제품들이다. 이런 물질들은 자연계에서는 거의 분해되지 않고 우리 몸에서는 독이 되는 물질들을 함유하고 있다. 그러니 가공식품이나 패스트푸드처럼 나쁜 음식을 먹은 사람의 변이 좋을 리가 없다. 가공식품이나 패스트푸드는 식이섬유가 절대 부족해 섭취했을 경우 장내 미생물이 서식하기가 힘들다. 그러므로 변이 검고 그 양이 매우 적다.

우리 몸이 건강해지려면 깨끗한 공기와 물을 섭취하는 것이 필수다. 공기는 산소를 공급하고 물은 각종 영양성분을 녹여 효소의 작용에 의한 신진대사가 이루어지도록 도와준다. 우리가 자연 그대로 좋은 음식을 섭취하면 우리 몸도 좋은 영양물질로 이루어지므로 건강해지고 장수할 수 있다. 또한 건강 상태가 좋아지면 마음도 편안하고 따뜻해져 이웃과 자연을 배려하고 평화를 사랑하는 사람이 될 수 있다.

그러나 공기나 물 등 주위 환경이 오염되고 매일 섭취하는 식품이 지나치게 가공된 상태이거나 자연에는 존재하지 않는 해로운 화학물질들로 이루어져 있으면, 이들을 분해시킬 수 있는 효소나 미네랄 등의 영양소 결핍으로 신진대사가 원활하게 이루어지지 않고 일부는 우리 몸에 쌓이면서 끊임없이 세포에 스트레스를 준다. 이러한 해로운 물질들을 체외로 배출시키려고 억지로 노력한 결과 심한 알레르기 증상인 아토피가 나타나고, 장기간 스트레스를 받은 세포는 더 이상 견디지 못해 암세포로 변하는 것이다. 또한 자연의 물질이 들어 있는 음식이라도 에너지원과 영양소들이 골고루 함유되어 있지 않고 가공식품처럼 편중되어 있으면 그것 역시 우리 몸에 해롭다. 우리가 먹는 흰 쌀밥은 11분도미로 당뇨나 암, 다이어트에 효과가 큰 식이섬유는 물론 미네랄과 효소 같은 영양소를 제거하고 에너지원인 전분만 남아 있는 것이다. 전분은 장에서 소화되어 포도당으로 변한 뒤 혈액에 흡수되어 각각의 세포로 운반된다. 그리고 세포 내에 에너지를 생산하는 발전소인 미토콘드리아에서 에너지 저장체인 아데노신삼인산을 만든다. 그러나 발전소 기계들이 효율적으로 잘 돌아가도록 신진대사를 도와주는 윤활유 역할을 하는 미네랄이 턱없이 부족하면 기계 자체가 움직이지 않는다. 결국 포도당이 핏속에 쌓여 당뇨병을 유발시킨다. 이렇게 남은 당은 오줌으로 배출되거나 대사 과정을 거쳐 지방으로 전환된다. 요즘 청소년들이 키도 크고 체격도 좋지만, 체력이 약하고 지구력이 떨어지는 것도 이 때문이다. 나쁜 음식을 먹으면 대사가 정상적으로 이루어지지 않아 신체 상태가 악화될 수밖에 없다. 그리고 몸이 불편해지면 마음도 자연히 황폐해진다.

캐나다와 일본에서 발표된 연구 자료에 따르면 문제 청소년들을 모아놓은 학교나 소년원에서 가공식품 위주의 식단을 유기농으로 바꾸었더니, 산만하고 폭력적이던 아이들의 언행이 부드러워지고 집중력이 향상되었으며 지능지수가 10 정도나 높아졌다고 한다. 실제로 일본의 연구 결과에서 방부제, 유해색소, 화학조미료 등이 신체 세포의 DNA를 손상시키고 신경조직을 파괴한다는 사실을 확인했다.

건강한 음식이 건강한 몸을 만들고 건강한 몸이 아름다운 마음을 만든다. 바로 음식이 사람의 심성을 좌우하는 것이다. 한마디로 食則身心(음식은 몸과 마음)이다. 우리가 평소에 아무 음식이나 먹지 말고 좋은 음식을 잘 골라 적당하게 먹어야 하는 이유다. 옛 선조들은 이러한 이유에서 맛있는 음식만 편중해 먹는 것을 아주 경계했다.

무엇을 먹느냐에 따라 건강은 물론이고 성격이나 성향도 바뀔 수 있다. 더 나아가서 식성은 기후와 함께 국민성과 문화에도 영향을 준다. 한 예로 양념문화가 발달하고 마늘과 양파 등 자극성 음식을 많이 섭취하는 이탈리아 국민들은 열정적이고 그들이 부르는 노래도 높은 음성의 테너가 주류를 이룬다. 반면 자극적인 양념을 거의 안 쓰는 독일인들은 차분하고 논리적이며, 독일 가곡 〈겨울 나그네〉처럼 부드럽고 잔잔한 바리톤을 좋아한다. 무엇을 먹느냐에 따라 우리의 몸과 심성뿐만 아니라 한 국가와 민족의 문화와 역사까지 달라진다는 사실은 매우 놀랍다. 깊은 산중에서 도를 닦는 스님들이 마늘, 파, 부추 같은 자극적인 양념류를 자제하는 이유도 바로 여기에 있다. 평화와 순수함을 사랑하고 동방예의지국으로 불리던 우리 민족의 상생(相生) 문화가 미국적 세계화로 인해 돈을 벌기 위한 무한 경쟁 속에 빠져들면서 점차 사라지고 있다. 교실이 붕괴되고 가정이 파괴되는 것도 급속한 서양화로 인해 우리 식탁에 가공식품이 올라가고 육식이 증가하는 현상과 무관하지 않을 것이다.

평화로운 세상을 만들기 위해서는 온순한 초식동물처럼 채식을 많이 해야 한다. 육식 위주의 식사를 하는 서구 문화권은 다른 문화와 민족을 대규모로 파괴한 제국주의를 양산했다. 가족들의 건강과 평화를 지키려면 자극적인 맛의 가공식품과 패스트푸드를 피하고 채식 위주의 영양적으로 균형 잡힌 자연 음식을 먹어야 한다. 특히 과도한 육식을 피해야 한다. 요즘은 가축에게 항생제와 성장호르몬을 먹여 빨리 키우고 소에게도 풀 대신 곡물을 먹여 비정상적으로 비대해진 경우가 많다. 이렇게 생산한 고기는 포화지방이나 콜레스테롤 함량이 높아 건강에 매우 해롭다.

꽃등심은 중성지방과
콜레스테롤이 많은 위험한 음식

입에서 살살 녹는 값비싼 꽃등심은 지방이 근육 사이사이에 낀 쇠고기다. 소에게 옥수수를 집중적으로 먹이고 고개도 못 돌릴 정도로 꼼짝 못하게 묶어두어 고도비만이 되어야만 근육에 포화지방과 콜레스테롤로 이루어진 꽃등심이 생기는 것이다. 한우 역시 미국 소와 마찬가지로 밀집 사육되었다. 이러한 사육 방식이 400만 마리에 가까운 가축들을 생매장해야 하는 구제역 파동의 원인임은 누구도 부인할 수 없다. 더구나 광우병이 문제되기 전만 해도 동물성 사료를 먹여 한우의 육질을 개선했다는 내용이 공공연하게 방송되기도 했다.

소는 원래 초원에서 풀을 먹고 사는 동물인데 우리가 먹는 소는 대부분 초원에서 살지도, 풀을 먹지도 않는다. 한우와 미국 소는 좁은 공장식 축사에서 움직이지도 못하고 옥수수 사료만 먹어 강제로 체중을 불려서인지 색과 맛도 비슷하다. 이렇게 자란 소들은 결국 도축되어 죽지만, 그 상태로 더 살려두더라도 동맥경화, 심장병 등으로 얼마 못 살 것이다. 소가 아니고 사람의 근육에 마블링이 생긴다면 어떻게 되겠는가?

놀랍게도 쇠고기 등급은 근육 내 지방 함량이 높을수록 높게 매겨지는데, 등급이 높은 쇠고기를 먹을수록 우리 몸의 건강은 망가지게 된다. 국가는 건강을 해치는 이러한 등급 제도를 당장 바꾸어야 한다. 꼭 쇠고기를 먹고 싶으면 사태나 홍두깨살처럼 지방이 없는 부위를 먹으면 되는데, 구워 먹기에는 좀 질기고 맛이 없으므로 찜으로 해 먹으면 낫다. 구이용이 필요하다면 초원에서 풀만 먹고 자라 다른 쇠고기보다 지방과 콜레스테롤 함량이 제일 낮다는 뉴질랜드 산을 추천하고 싶다.

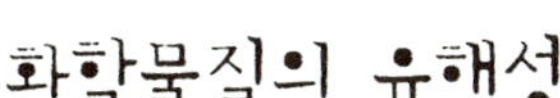

화학물질의 유해성

생태계에서 인간은 몸에 유독성 물질을 가장 많이 지닌 독한 동물이다. 만약 식인종이 있다면 현대 문명인들의 인육은 이상한 맛과 냄새 때문에 식용에 부적합한 유독성 물질로 규정하여 아예 판매를 금지시켰을 것이다. 과학의 발달로 산업혁명이 전세계로 확산되면서 주로 석유나 석탄을 원료로 생산된 다양한 종류의 합성 화학물질들이 사람들의 몸에 계속 쌓여왔기 때문이다.

인체는 음식료품과 의약품, 그리고 주거공간이나 생활 속에서 이용하는 각종 제품들을 통해 흡수된 수백여 가지의 합성 화학물질이 축적되어 있는 화학물질 백화점이다. 현재 유통되는 화학물질의 수는 유럽연합(EU)에서는 약 10만 종, 미국에서는 약 8만 종에 달하고 우리나라에는 3만 7,000여 종에 이른다. 또 국내에서 매년 새로 개발되거나 유통되는 화학물질도 300여 종이나 된다. 이제 인간의 몸에 쌓인 화학물질은 극미량이라도 환경호르몬이나 아토피 유발물질로 작용해 인간의 건강을 해치고 종국에는 멸종까지 초래할 무서운 물질로 밝혀지고 있다. 몇 년 전 세계야생동물보호기금(WWF)은 영국에서 자원자 155명의 혈액을 채취해 DDT(Dichloro Diphenyl Trichloroethane)를 포함한 유기염소계 살충제 12종, PCB 45종, PBDE 21종 등 모두 78종의 화학물질의 양을 분석했다. 분석 결과 한 사람의 혈액에서 조사대상 물질의 63퍼센트인 49종의 화학물질이 검출돼 말 그대로 '유해물질의 칵테일'인 것으로 밝혀졌다.

말라리아 박멸에 효과가 큰 DDT는 대표적인 환경호르몬으로 1970년대에 이미 사용이 금지되었지만, 분자의 일부가 분해된 형태인 DDE가 혈액 내에서 고농도로 확인되었다. 이미 돌아가신 할머니가 30여 년 전에 모기나 이를 잡느라고 뿌린 DDT가 아직도 대를 이어서 우리 집안에 존재하고 있는 것이다. 이 때문에 국제사회는 2001년에 다이옥신, 퓨란, DDT, 헥사클로로벤젠 등 독성이 강한 12가지 잔류성 유기 오염물질의 생산과 사용을 금지하는 스톡홀름 협약을 체결했다. DDT는 1939년 파울 헤르만 밀러(Paul Hermann Müller)에 의해 살충 효과가 밝혀졌고, 동물이나 곤충의 중추신경계 손상을 초래해 다양한 곤충박멸에 이용되었던 접촉성 독성물질이다. 이를 발견한 업적으로 밀러는 1948년에 노벨상을 수상하기도 했다.

무색무취로 빛과 산소에 안정적이고 자연계에서 잘 분해되지 않으므로 먹이사슬을 통해 농축되는 대표적인 물질이다. 이 물질의 독성이 알려지면서 1972년에는 미국에서 사용이 금지되었고, 1979년부터는 우리나라에서도 사용이 금지되었다.

화학물질은 주로 체지방과 내장 등 신체 기관에 축적되는데 일부는 평생 체내에 머무를 뿐만 아니라 임산부의 경우 태반이나 수유를 통해 태아에게 전달되기도 한다. 이렇게 인간의 몸에 합성 화학물질이 많이 쌓인 것은 세계 경제를 뒷받침해온 가공식품, 제약, 화학 산업이 기여한 바가 크다. 이러한 물질을 개발한 과학자들은 연구실에서 합성한 화학물질이 자연이 제공하는 먹을거리나 약재보다 훨씬 더 효과적이고 유익하다고 끊임없이 주장하고 있다.

2001년 미국 질병통제예방센터는 미국인의 질병이 7년 전보다 2배 증가했고, 그 이유는 가공식품이나 패스트푸드 등 주로 음식물 때문이라고 발표했다. 의학기술의 발전으로 전염병 같은 고질병의 치료율이 높아지고 평균 수명도 길어졌지만, 건강상태는 오히려 악화되고 있는 것이다. 지난 100년 동안 암 사망자 수는 전체 사망률의 3퍼센트에서 20퍼센트로 증가했고, 당뇨 발병률도 0.1퍼센트에서 20퍼센트로 늘어났다. 과거에는 거의 없었던 심장질환 때문에 해마다 70만 명이나 사망하는 미국은 한 사람당 의료 관리 비용이 다른 나라에 비해 2배나 더 들어가고 있는 실정이다. 이것이 패스트푸드의 원조 제국, 미국의 현주소다.

환경부 조사에 따르면 우리나라 학생들의 아토피 유병률이 30퍼센트에 달해 10년 전에 비해 2배 이상 증가했다. 외환위기 이후 우리나라에도 미국적 세계화가 급물살을 타고 유입되자 사람들이 많이 다니는 도시의 비싼 땅에는 어김없이 햄버거, 치킨, 피자 가게들이 들어섰다. 패스트푸드, 과자, 가공식품에 포함된 화학첨가물과 새 집에서 발생되는 유기화합물(VOCs)은 새집증후군을 일으키고 아토피를 발생시키는 등 사람들의 면역체계를 망가뜨리고 있다.

이제 화학물질은 지구를 감싸고 있는 대기층에도 구멍을 내고 있다. 그 주범은 바로 프레온가스다. 1928년 미국의 과학자 미질리(Thomas Midgley)가 발명하고 듀퐁사가 프레온이라는 이름으로 판매한 이 물질은 매우 안정된 냉매제로 냄새가 심하게 나는 암모니아를 대체하여 사용했다. 처음에는 냄새가 전혀 없을 뿐만 아니라 인체에 미치는 독성도 없으며, 높은 압력과 열을 가해도 변하지 않는 특성 때문에 사람들은 프레온가스를 꿈의 물질이라고 불렀다. 프레온가스는 가정에서 스프레이 제품이나 소화제로 쓰일 뿐만 아니라 산업체에서 반도체 등 정밀기계의 세정제 등으로 사용된다. 그러나 프레온가스가 성층권에서 오존층을 파괴하여 지구온난화를 불러오고 동물들의 피부암을 일으키는 주범이라는 사실이 밝혀졌다.

프레온가스의 지구온난화 기여도는 이산화탄소에 비해 1분자당 1만 배나 높다. 현재 단계적으로 생산과 판매가 금지되고 있으며,

수소화불화탄소 및 과불화탄소 등을 대체물질로 이용하고 있다. 우리나라는 1992년 가입한 '오존층 파괴 방지를 위한 몬트리올 의정서'의 규제 일정에 따라 2010년에는 오존 파괴 정도가 큰 프레온가스와 할론가스, 사염화탄소의 생산과 수입을 전면 금지되었다. 중간 대체물질로 개발되어 사용되고 있는 염화불화탄화수소(HCFC)도 2016년부터 규제를 받고, 2040년에는 생산과 수입을 모두 금지할 예정이다.

화학물질의 위험성은 이제 인간의 멸종을 경고하고 있다. 1996년 테오 콜본(Theo Colborn)은 『도둑맞은 미래』라는 책을 통해 환경호르몬의 위험성을 고발했다. 환경호르몬은 성호르몬과 비슷한 구조를 가진 물질로 내분비계를 교란해 남성의 정자 수를 감소시키는 등 생식기능을 저하시키고 기형, 암 등을 유발한다. 또한 여성에게 극심한 생리통과 자궁내막염을 일으켜 불임의 원인이 되고 자궁암을 일으킬 수도 있다. 특히 태아기와 유아기에 환경호르몬에 노출되면 남자아이의 경우 가슴이 커지고 성기가 작아지는 등 생식기 이상을 초래해 더욱 치명적이다. 미국은 남아의 여성화로 요도가 짧아지는 증상인 요도하열증이 10년 전에는 700명 중 1명꼴로 발생했으나 이제는 120여 명 중 1명꼴로 발생해 엄청난 속도로 증가하고 있다.

편리하려고 만든 화학물질이 인간의 건강한 삶을 방해하고 생식을 교란해 인류의 멸종을 가져올 수 있는 무서운 물질로 돌변한 셈이다. 생활 속에서 약간의 불편을 감수하더라도 가급적 화학물질의

이용을 줄이고 자연계에서 생산되는 천연물질을 이용하는 것만이
환경호르몬의 위협을 피해갈 수 있는 길이다.

극심한 생리통과 불임의 원인,
환경호르몬

요즘 가임부부의 20퍼센트 이상이 불임으로 고통을 겪고 있다. 1995년에는 10퍼센트였는데 10년 만에 2배로 증가한 것이다. 불임률 증가의 원인을 사회학자들은 늦은 결혼 탓으로, 의학자들은 피임약을 장기간 사용한 탓으로 돌리지만, 10년 사이에 무려 2배나 증가한 원인을 설명하기에는 부족하다. 한 방송보도에 따르면 수도권 중·고등학교 여학생 1,400여 명을 대상으로 조사한 결과 극심한 생리통으로 진통제를 상용하는 학생이 전체의 35퍼센트나 된다고 한다. 생리통은 배란기에 자궁내벽이 지나치게 두꺼워지기 때문에 생기는데 에스트로겐이 많은 것이 주원인이다. 그런데 환경호르몬 중에는 에스트로겐과 유사한 물질들이 많기 때문에 이런 것들이 불임

원인의 30퍼센트를 차지하는 자궁내막증 같은 부인과 질환을 일으킬 수 있다. 실제로 생리통이 아주 심한 여성 20여 명을 선택해 혈액 내의 환경호르몬 수치를 검사했는데, 대표적인 환경호르몬인 프탈산에스테르, 비스페놀A, 노닐페놀이 안전 기준치의 수 배 내지 수십 배를 초과해 검출되었다. 이들에게 냉장고 안의 모든 플라스틱 그릇을 유리그릇으로 바꾸게 하고, 모든 식품 원료를 유기농으로 쓰게 하고, 육류의 섭취를 억제시킨 다음 세 달 뒤에 다시 조사했더니 혈액 내 화학물질의 농도가 거의 정상으로 돌아왔으며 통증도 없어졌다는 결과가 나왔다. 이 프로그램은 심한 생리통과 자궁내막증의 발생 원인은 가공식품과 패스트푸드 증가에 의한 먹을거리 오염이나 일상생활에서 편리함을 추구하면서 점점 더 많이 쓰기 시작한 플라스틱, 일회용품, 샴푸, 합성세제 등이라고 주장했다. 특히 통증이 심한 경우는 플라스틱 그릇에 가공식품을 넣고 전자레인지에 데워먹는 습관이 있는 사람들임을 밝혀냈다.

'환경호르몬'이란 사람이나 동물의 몸속에 들어가서 여성호르몬의 흉내를 내거나 남성호르몬의 작용을 억제해 내분비계의 정상적인 활동을 방해하고 혼란을 일으키는 물질을 말한다. 환경호르몬은 1조분의 1그램의 극미량으로도 수컷의 생식기관을 암컷으로 바뀌게 하거나 둘 다를 가진 간성(Intersex)으로 변화시켜 아예 생식능력을 상실하게 한다.

메뚜기나 개구리, 제비에 이르기까지 예전에는 많았던 동물들이 이미 우리 주변에서 거의 사라져 버렸다. 농약이나 제초제가 이들을 죽이기도 하지만, 살아남은 동물의 몸속에 축적된 환경호르몬이 이들을 점차 멸종시키기 때문이다. 여기에서 인간은 예외일 수 있을까? 얼마 전 캐나다는 북부 이뉴잇들에게 전통적 주식이었던 북극곰과 물개를 더 이상 먹지 말라고 권고했다. 청소년들이 면역력이 떨어져 호흡계 질환과 중이염에 시달리고, 남성의 정자 수가 급격히 감소되어 조사해본 결과, 다른 지역에 비해 모유에 환경호르몬인 PCB(Poly Chlorinated Biphenyl)의 농도가 10배나 높다는 사실이 밝혀졌다. 그 이유는 주된 음식인 북극곰과 물개가 오염되었기 때문이었다. PCB는 전기가 새는 것을 막기 위한 누전방지 물질로 변전기나 전선피복제로 오랫동안 전 세계에서 사용해왔다. 그런데 이 물질이 빗물에 녹아 강을 거쳐 바다로 흘러들어 가 광범위하게 전 세계의 바다를 오염시킨 것이다. 플랑크톤에서 시작해 새우, 고등어 등 20여 단계의 먹이사슬을 거치면 PCB가 수만에서 수십만 배까지 농축될 수 있다. 이 사실은 이미 지구 생태계의 먹이사슬 전체가 오염되어 있음을 의미하며, 인간도 직접적인 위협을 받고 있다는 심각한 현실을 보여준다.

얼마 전 영국 정부도 가임기 여성들이나 임산부들에게 참치, 연어, 고등어 등의 생선 섭취를 자제할 것을 권고했다. 먹이사슬의 윗자리를 차지하는 크고 지방 함량이 많은 물고기는 환경호르몬인 다이옥신이나 수은 등의 중금속 함량이 높아 태아에게 유해할 수 있기 때문이다.

현대 석유화학 문명은 자연계에 존재하지 않았던 수십만 종의 화학물질을 생산해 엄청난 양을 자연에 쏟아부었다. 이들 중 일부는 환경호르몬으로 몸 안에 축적되어 분해되지 않거나 체외로 잘 배출되지도 않는다. 북극곰, 심해의 고래, 정원의 토양, 플라스틱 용기, 합성세제, 화장품, 장난감, 컴퓨터뿐만 아니라 사람의 지방, 자궁의 양수, 모유 등 어디에나 존재하며 이미 오래전부터 우리의 생활 주변 곳곳에 숨어서 생식기능을 약화시켜왔다. 환경호르몬은 극미량으로도 인간과 동물의 체내에 존재하는 성장·조절 프로그램을 방해한다. 특히 태아기와 유아기에 환경호르몬에 노출되면 더욱 치명적이다. 미국에서는 남성의 여성화로 남자아이의 요도가 짧아지는 증상인 요도하열증이 엄청난 속도로 증가하고 있으며, 고환이 작아져 보이지 않게 되는 잠복고환과 고환암도 발생 빈도가 증가하고 있다고 한다. 여자아이들에게 나타나는 성조숙증도 심각한 문제다. 열 살도 안 된 여자아이들이 유방이 발달하고 초경이 시작되는 등 2차 성징이 너무 빨리 찾아오는 것이다.

최근 우리나라에서 발표된 자료를 보면 고환이 뱃속에 숨어 있는 병인 정류고환(停留睾丸)과 요도 구(口)가 성기의 중간 엉뚱한 곳에 자리 잡은 병인 요도하열(尿道下裂) 등 생식기 기형 환자가 빠른 속도로 증가하고 있다. 2000년부터 2004년까지 국민건강심사평가원의 자료를 활용해 병원에서 이 두 가지 질환을 진단한 사례를 추린 결과, 2000년 현재 전국의 4세 미만의 남자아이 168만 9,517명 중에서 2,126명(0.13퍼센트)이 병원에서 생식기 기형 진단을 받았다. 2001년에는 0.17퍼센트(162만 1,395명 중 2,764명), 2002년에는 0.18 퍼센트(153만 531명 중 2,686명)로 계속 증가했다. 또한 2004년의 조사 자료를 살펴보면 한 공단지역에 사는 4세 미만의 남자아이 중 2.13퍼센트(611명 중 13명)가 기형 진단을 받았고, 반면 일반지역에서는 0.07퍼센트(6,993명 중 5명)만 기형 진단을 받은 것으로 나타난다. 공단지역이 일반지역보다 29.8배나 높다.

이와 더불어 건강보험심사평가원은 성조숙증 환자가 2006년 6,400여 명에서 2010년 2만 8,000여 명으로 약 4.4배 늘었다고 밝혀 사회문제로 떠올랐다. 성조숙증은 어린아이들에게 성호르몬이 비정상적으로 많이 분비되어 생기는 증상이다. 성조숙증은 여자아이가 90퍼센트 이상을 차지하고 있는데, 신체 변화가 뚜렷해 남자아이

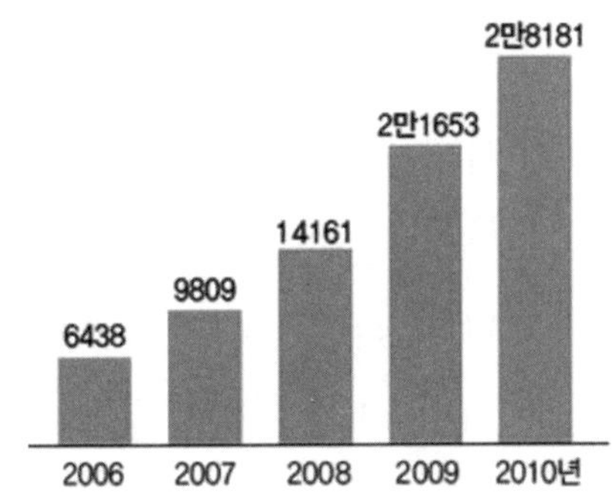

성조숙증 연도별 진료인원
(단위: 명) 자료: 건강보험심사평가원

의 성조숙증보다는 발견하기 쉽다. 보통 성조숙증의 발생 빈도는 대략 5천~1만 명 중 1명꼴로 나타난다. 대표적으로 나타나는 증상을 보면, 여자아이는 8세 이전에 유방이 커지고 남자아이는 9세 이전에 고환이 커진다. 대부분의 아이들은 9~14세부터 사춘기가 시작되며 가슴이 나오고 6개월에서 1년 정도 지나면 음모가 나타난다. 이후 1년 정도가 지나면 초경이 시작되는데, 우리나라 여자아이들의 평균 초경 연령은 12.8세다. 초경이 지난 후에는 키가 5~8센티미터 정도밖에 크지 않기 때문에 사춘기가 빨리 찾아온 아이들은 어른이 되어도 여자아이는 150센티미터, 남자아이는 160센티미터 정도로 키가 작을 가능성이 높다. 여학생은 체중이 30킬로그램, 남학생은 45킬로그램 정도가 되면 사춘기가 시작되므로 주의깊게 살펴보아야 한다.

보통 초등학교 1학년생들의 평균 신장은 남자아이 120센티미터, 여자아이 119센티미터다. 부모의 키가 특별히 크지 않은데도 아이의 키가 또래보다 7~8센티미터 이상 크다면 '성조숙증'을 의심해야 한다. 성조숙증에 걸린 아이들은 정상적인 성장발달 속도를 거치는 아이들에 비해 성장판이 일찍 닫힌다. 뼈가 정상보다 빨리 단단해져서 성장이 일찍 중지되기 때문이다. 또한 신체 발달이 정신적인 발달을 앞서는 데 따른 스트레스 때문에 정서 장애가 일어나기도 한다. 성조숙증의 원인은 복합적이다. 잘못된 식생활은 비만으로 이어지고, 우리 몸에 환경호르몬을 축적시켜 성조숙증의 원인이 될 수 있

다. 비만아들은 지나치게 많은 지방이 혈액순환에 장애를 일으켜 성
장호르몬이 필요한 곳으로 전달되지 못하기 때문에 키가 잘 크지 못
한다. 그리고 지방세포에 축적되어 있는 '렙틴'이라는 호르몬이 성호
르몬의 분비를 자극해 조기성숙을 유발하므로 키 성장을 저해한다.
또한 오랜 시간 텔레비전을 시청함으로써 받는 스트레스도 성조숙
증의 원인이 된다. 아이들의 건강한 성장 발달을 위해서 부모가 먼저
친환경적인 생활습관을 갖도록 노력해야 하는 것은 두말 할 나위가
없다. 라면이나 과자, 가공식품과 패스트푸드, 육류의 섭취를 줄이고
텔레비전과 컴퓨터 게임을 차단하는 등 적절한 관리가 필요하다.

　환경호르몬의 영향은 여기에서 그치는 것이 아니다. 요즘 우리
나라에서 유방암이 무섭게 늘어나고 있다. 1996년 유방암 환자는
3,801명이었으나 2006년에는 1만 1,275명으로 늘어났다. 유방암에
걸린 환자의 수가 10년 만에 3배 가까이 늘어났다. 이것은 암 통계
사상 초유의 결과다. 세계보건기구(WHO)의 통계에 따르면, 전 세계
유방암 평균 증가율은 매년 0.5퍼센트 정도인데 한국은 10퍼센트씩
증가하고 있어 무려 20배나 빠른 셈이다.

　유방암을 일으키는 원인은 다양하고 복합적이지만 식생활이 서구
화되면서 가공식품과 패스트푸드 위주의 식사를 자주 하고 육류의
섭취가 증가함에 따라 환경호르몬에 더 많이 노출되는 것이 큰 문
제로 지적된다. 농약으로 오염된 먹을거리나 플라스틱으로 만들어진
생활용품들은 환경호르몬을 함유하고 있어 불임과 유방암을 비롯

한 다양한 질병의 원인이 된다는 경고는 수차례 반복되고 있다.

환경호르몬으로 의심되는 화학물질은 약 150여 종이 있다. 우리나라는 이 가운데 67종을 환경호르몬 우려 물질로 지정했다. 이중 절반이 넘는 40종이 농약의 유효성분이며, 우리나라에서는 20여 종이 사용되고 있다. 플라스틱 성분, 농약이나 살충제 성분, 수은·납·카드뮴 등의 중금속, 다이옥신, 세제의 계면활성제 같은 화학물질 등이 모두 환경호르몬이다. 특히 플라스틱 성분인 비스페놀 A와 가소제 프탈산에스테르, 그리고 합성세제 원료인 노닐페놀이 유해하다.

이처럼 현대문명의 편리함 이면에는 자연의 순리를 거스른 결과로 일어나는 눈에 보이지 않는 위험이 곳곳에 도사리고 있다. 이를 피하기 위한 유일한 해결책은 본래의 자연 상태로 돌아가는 것이다. 유기농법으로 농작물을 재배하고 유기농산물을 먹는 것이다. 자연의 흙, 나무, 돌을 이용해 집을 짓고, 유리나 도자기 등 자연소재로 만든 그릇과 생활용품을 쓰는 것이다.

급증하는 아토피 유병률

화학물질의 사용이 증가함에 따라 극심해진 환경오염 때문에 아토피 피부염이 급증하고 있다. 아토피 피부염은 갓 태어나 신체의 면역체계가 제대로 갖춰지지 않은 아기에게 처음 나타난다고 해서 '태열'이라고 부르기도 한다. 첫 증상은 주로 볼에 나타나는데, 볼이 빨갛고 건조해진다. 이후에는 이마와 머리에서 발생할 수 있다. 아이가 성장하면서 피부염이 몸통에 나타나기 시작하고 팔꿈치의 앞쪽과 무릎의 뒤쪽, 즉 팔과 다리가 접히는 부위와 손목과 발목 주위에도 생긴다. 염증과 가려움증을 동반하며 피부가 거칠어지고 진물이 나며 딱지가 앉는다. 아토피 피부염은 계속해서 완화와 재발을 반복하는 만큼 치료가 매우 어렵다.

아토피(Atopy)는 그리스어가 어원으로 '기묘한', '뜻을 알 수 없는', '비정상적 반응'이라는 뜻이다. 어원에서 드러나듯이 아토피 피부염은 다양하고 불확실한 원인이 복잡하게 뒤엉켜 발생한다. 천식이나 알레르기성 비염 같은 알레르기 성향과 관련이 있다고 추정하고 있으며, 유전적 소인이 있어서 가족 중에 천식이나 알레르기성 비염 같은 알레르기 환자나 아토피 피부염을 가진 사람이 있으면 그만큼 발병률이 높다. 그러나 이러한 유전적 요인보다 중요한 것은 환경적 요인이다. 가공식품에 함유된 첨가물이나 새집증후군을 일으키는 휘발성 유기화합물이 아토피 피부염의 발병을 증가시키거나 피부염의 증세를 심화시키기 때문이다.

어린이들이 인스턴트식품과 탄산음료에 함유된 식품첨가물을 계속 먹다보면 습관이 되도록 뇌를 세뇌시켜 채소와 과일을 멀리하게 만든다. 과자나 빵, 캔디 종류만 먹는 등 편식을 하면 두뇌발달을 지연시키고 몸의 저항력을 떨어뜨려 아토피에 노출될 뿐만 아니라 비만을 초래할 수 있다. 이 때문에 식품위생심의회의 의견을 들어 건강을 해칠 우려가 없는 식품첨가물에 한해 사용을 허가하고 있으나 그 폐해는 갈수록 커지고 있다.

각종 첨가물을 복합적으로 사용할 경우 상호작용으로 생기는 위험도 간과할 수 없다. 타르색소인 청색 1호와 황색 4호를 동시에 섭취하면 1일 허용 섭취량이라도 1,000배의 독성을 유발하고, 아질산나트륨과 소르빈산칼륨도 함께 섭취하면 발암물질로 작용한다는 연구결과도 나왔다.

한 대학연구소가 2006년 8월부터 1년 동안 전국의 유치원 97곳과 초등학교 438곳 등 모두 535곳에서 4만 522명의 어린이들을 대상으로 조사한 결과, 10명 중 3명이 아토피 환자로 나타났다. 아토피 유병률은 1995년 16.3퍼센트, 2000년 24.9퍼센트에서 2006년에 29.5퍼센트로 10년 동안 약 2배가 늘어났으나 요즘은 홍보와 치료 효과로 약간 수그러드는 추세다. 공기 중에 휘발성 유기화합물 등 오염물질이 많은 공단지역이 33퍼센트로 제일 높았고, 대도시가 31퍼센트, 중소도시가 29퍼센트였으며, 공기가 비교적 좋은 농촌은 21퍼센트로 가장 낮았다. 아토피와 관련성이 큰 천식은 1995년 7.7퍼센트, 2000년 9.1퍼센트, 2006년 8퍼센트로 큰 변화가 없었지만 선진국의 유병률이 3~4퍼센트인 것에 비하면 2배나 높은 수치다. 또한 새 집에 살았거나 살고 있는 학생들의 아토피 유병률은 33.8퍼센트로 그렇지 않은 학생들(26.1퍼센트)보다 다소 높게 나타났다.

한편, 연구팀은 초등학교 82곳과 유치원 22곳 등 104곳을 중점 조사 대상으로 선정해 학교 실내 오염도를 조사했다. 그 결과 15.3퍼센트에서 혈액암을 유발시킬 수 있는 휘발성 유기화합물인 벤젠이 공동주택 권고 기준인 세제곱미터(㎥)당 30마이크로그램(㎍)을 초과한 것으로 나타났다. 특히 주변 교통량이 많거나 공단이 인접한 지역의 학교에서 벤젠 함량이 더 높게 나타났다. 미세먼지와 이산화탄소 농도의 경우, 초등학교의 3분의 1가량이 기준치를 넘었다. 이 물질들은 아무리 미량이라도 성장기 어린이의 몸에 축적되기 때문에 동일 농도라도 어린이들에게는 더 큰 피해를 줄 수 있다. 그러나 새집증후군의 주요 원인으로 꼽히는 포름알데히드는 초등학교 22.1마이크로그램, 유치원 24.3마이크로그램으로 학교보건법상 기준치인 100마이크로그램보다 낮게 나타났다. 톨루엔, 에틸벤젠, 자일렌 등의 유기화합물은 전체적으로 오염도가 높지는 않았지만 「학교보건법」상 기준 자체가 없어 설정이 시급하다. 자료를 분석한 결과 학교와 유치원의 실내 오염물질 농도와 아토피와 천식 유병률 사이에 뚜렷한 상관관계가 나타난 것은 아니지만, 학교가 위치한 곳의 지역적 조건이나 가정환경 등이 아토피 피부염과 같은 환경성 질환에 큰 영향을 미치는 것은 분명하다.

따라서 피부에 직접 닿는 의류와 세제, 화장품은 물론이고 식기와 가구, 주택의 건축재까지 우리 몸에 유해한 각종 화학물질의 사용을 줄이고 천연물질로 대체하는 것이 무엇보다 시급한 일이 되었다. 또한 공기오염을 줄이기 위해 획기적으로 주위의 녹지공간을 늘리고, 집이나 직장에 환기시설을 갖추는 것이 바람직하다.

요즘 아이들은 아토피로 인해 시골 황토집에 요양을 보내거나 아예 산골학교로 유학을 가는 경우도 많다. 황토는 유해한 휘발성 화학물질들을 흡수해 분해시킨다는 사실이 과학적으로 밝혀지고 있다. 시골로 보내기가 어려울 때는 아이 방에 황토 패널을 붙이는 것도 효과가 크다. 황토 패널은 습도까지 조절해 주어 겨울에도 가습

기가 필요 없다. 한옥은 황토는 물론 소나무를 이용해 지었기 때문에 여기서 방출되는 테르펜이나 각종 피토케미컬류가 면역력을 키워주므로 아토피 치료에 큰 도움이 된다. 물론 아토피를 치료하려면 화학첨가물이 들어 있지 않은 자연식품을 먹어야 한다.

무서운 내성균을 만드는
축산식품 속의 항생제

얼마 전 일본의 한 대학병원에 입원한 환자들 중 새로 출현한 아시네토박터 바우마니(MRAB) 슈퍼박테리아에 감염돼 9명이나 사망하자 전세계가 긴장한 바 있다. 일명 다제내성균으로 불리며 주로 면역력이 떨어진 중증환자나 응급실 환자가 인공호흡기나 주사기, 소변처리기 등에 의해 감염되며 폐렴이나 패혈증으로 사망할 수 있다. 또한 조사 결과 국내에서도 사망자가 나오고 있는 것으로 밝혀졌다. 국내 한 대학병원의 감염내과 의료진이 국제학술지에 보고한 논문에 따르면, 2007년 10월부터 2008년 7월까지 이 병원의 중환자실에 입원한 57명을 조사해보니 19명(35.8퍼센트)에게서 이 균이 검출되었고 이들 중 4명이 이 균 때문에 사망한 것으로 추정됐다.

우리나라의 식품 오염원 중 법적인 규제 등을 통해 구체적인 통제가 이루어지지 못하고 있는 것이 축산물의 항생제다. 항생제는 병원균을 죽이기 위해 사용되었는데 이제는 가축의 질병을 예방하고 빨리 키우기 위해 사료에 첨가하는 경우가 더 많다. 그런데 항생제를 오남용한 결과 축산물에 내성균이 출현했다.

항생제가 발명되기 전에는 폐렴이 도지거나 조그만 종기가 부풀어 커져도 세균 감염을 막지 못해 많은 사람들이 대책 없이 죽어갔다. 조선시대 정조도 과로와 신경쇠약으로 면역력이 떨어지자 미생물 때문에 종기가 도져서 쓰러졌고 결국 세상을 떠났다.

1928년 플레밍(Sir Alexander Fleming)이 최초의 페니실린을 발견한 이후 사람들의 평균 수명은 10년이나 연장되었다. 항생제가 인간 생활에 혁명을 가져온 것이다. 이후 스트렙토마이신, 오레오마이신 등 수많은 종류의 항생제가 화학적 합성 등의 방법을 통해 개발되었다. 항생제는 수많은 생명을 죽음에서 구하고 인류의 건강증진에 큰 기여를 해왔다. 그런데 이제는 항생제의 지나친 사용이 오히려 인류를 위협하고 있다. 가축이나 사람 몸속의 병원성 미생물들에게 항생제 내성이 생긴 것이다. 미생물들도 항생제로부터 스스로를 방어하기 위해 자체 방어능력을 발전시키기 때문이다. 우리나라는 감기 몸살에도 항생제를 처방하고 가축을 키울 때도 병에 걸리지 말라고 항생제를 사료에 섞어 먹이는 등 지나치게 항생제를 남용하고 있다. 일단 한번 항생제에 내성이 생기면 다음부터 그 항생제는 쓸모없어질 확률이 높다. 꼭 필요한 순간 항생제의 효과를 기대할 수 없다는 말이다. 의학계는 내성이 생긴 항생제를 대신해 계속해서 새로운 항생제를 개발해 왔다. 그러나 인류의 마지막 항생제라는 반코마이신에도 내성을 보이는 황색포도상구균이 등장했다. 실제로 어떠한 항생제로도 치료되지 않아 감기를 비롯한 감염질환이나 사소한 염증성 질환에 걸려도 사망하는 사람들이 늘고 있는 추세다. 이 세균은 어린이 놀이터의 흙에서도 발견되었다. 전국의 환자 수는 4~5만여 명으로 추산되고, 2011년 현재 마산 등 남부지방을 중심으로 빠른 속도로 퍼져나가고 있다. 몇 년 전 드라마 〈여인천하〉의 인기 탤런트 한영숙 씨가 심혈관계 수술을 받다가 세상을 떠났는데 수술 도중 이 내성균에 감염되었기 때문이라고 한다. 어떤 과학자는 앞으로 20~30년이 지나면 항생제가 전혀 듣지 않아 항생제 발명 이전의 혼란기로 되돌아갈 것이라고 경고했다.

우리나라는 여러 부문에서 세계 1위라는 불명예스러운 타이틀을 갖고 있는데 그중 우리에게 잘 알려지지 않은 것이 항생제 내성률 1위다. 그리고 항생제 오남용과 농축수산물 투여량도 세계 1위다. 2000년 세계보건기구에 따르면 우리나라는 대표적 항생제인 페니실린에 대한 폐렴구균의 내성률이 70퍼센트로 세계 1위다. 폐렴에 걸린 환자 10명에게 페니실린을 투여했을 때 7명은 듣지 않는다는 뜻이다. 얼마 전부터 정부는 각 병원의 항생제 처방을 공개함으로써 국민에게 항생제 오남용에 대한 범국민적 경각심을 불러일으키고 있다. 이제 대부분의 사람들이 항생제 처방에 대해 경각심을 갖고 있지만, 우리가 먹는 대부분의 육류와 물고기가 항생제를 함유하고 있다는 사실은 아직도 간과하고 있다. 항생제는 쇠고기, 돼지고기, 닭고기, 계란에도 들어 있다. 1950년대에 항생제를 먹인 가축이 잔병에 걸리지 않고, 성장 속도가 빠르다는 사실을 알아낸 축산업자들이 가축 사료에 항생제를 섞어서 먹여왔기 때문이다.

2005년 참여연대가 국회에서 공개한 보고서에 따르면, 우리나라에서 축산물 1톤을 생산하는 데 사용되는 항생제는 911그램이라고 한다. 반면 스웨덴, 뉴질랜드, 덴마크 등 축산 선진국이 사용하는 양은 31~44그램에 불과하다. 축산 선진국보다 30배나 많은 양의 항생제를 쓰고 있는 셈이다. 투여 경로는 배합사료에 포함된 양이 54퍼센트, 농가의 임의 치료가 40퍼센트인데, 수의사 처방은 겨우 6퍼센트에 불과했다. 더구나 재생불량성 빈혈을 일으킬 수 있어 1990년부터 사용이 금지된 크로람페니콜과 같은 위험한 약품도 아무 제재 없이 사용되고 있었는데, 사료에 포함된 총 항생제의 9.4퍼센트를 차지했다.

항생제를 많이 쓰면 두 가지 위험이 따른다. 항생제는 지속적으로 복용해서 일정한 혈중 농도를 유지해야 효과가 있다. 또 증세가 사라진 후에도 일정 기간 동안 계속 먹어야 살아남은 세균이 내성균으로 진화하는 것을 막을 수 있다. 그렇게 축산물에 축적된 항생제가 인체에 옮겨지면 더 강한 항생제를 더 많이 복용해야만 약효를 기대할 수 있다. 또 축산물과 수산물의 내성균이 인체에 감염될 가능성도 있다. 그럼에도 불구하고 OECD 회원국 중 수의사 처방 없이 항생제의 임의 투여를 허용하고 있는 나라는 우리나라뿐이다. 이에 따라 농식품부는 사료에 첨가되는 항생제를 2005년부터 단계적으로 줄여서 2012년부터는 금지할 예정이다.

　가축에 대한 항생제 오남용을 줄이기 위해서는 좁은 우리에 많은 가축들을 가둔 채 움직이지도 못하게 만들어 스트레스를 주는 기존의 공장식 축산법을 지양해야 한다. 예전처럼 소를 초원에 풀어놓고 키워야 영양소가 풍부한 다양한 풀을 먹을 수 있고, 햇빛을 충분히 받으며 쉴 수 있어야 스트레스가 해소된다. 돼지는 콘크리트 축사 대신 흙바닥에서 흙을 먹으며 살아야 발효미생물을 섭취할 수 있어 건강해진다. 양계장에서는 24시간 끄지 않는 등불을 없애고 암수를 함께 키워야 스트레스를 받지 않는 건강한 닭을 키울 수 있고, 동시에 좋은 달걀을 얻을 수 있을 것이다. 또한 병에 걸리지 말고 빨리 크라고 사료에 첨가하는 항생제와 성장호르몬, 기생충 예방을 위한 비소 투여를 중지하고, 미생물 생균사료나 녹차 사료, 한약재 사료 등의 천연 면역물질을 함유한 사료를 먹이는 것이 좋다. 인위적인 환경에서 오는 스트레스를 덜 받고 면역력 증강에 좋은 사료를 먹여서 키운 건강한 가축으로 생산한 육류는 당연히 맛과 영양도 월등하다.

항생제의 종류	병원성 세균을 죽이는 작용원리와 항생제의 분류
세포벽 합성을 억제하는 항생제	세균의 세포벽 합성을 억제함으로써 세균이 삼투압을 이기지 못하여 세포막이 파열되어 죽는다. 돼지에 단독으로 사용되며, 연쇄구균, 포도상구균, 클로로스트리듐, 코라이네 박테리움 등 감염성 질병의 치료에 이용된다.
	– 페니실린 계열 : 페니실린, 아목사실린, 암피실린, 옥사실린 등 – 세팔로스포린 계열 : 세팔로틴, 세파클로아, 세포드리실, 세프티오푸어, 세페핌, 세프피롬, 세프퀴놈 등 – 글라이코펩타이드 계열 : 반코마이신, 테이코플라민, 아보파신 등
단백질 합성을 억제하는 항생제	세균의 세포 내 단백질 합성기관인 리보솜에 있는 수용체나 특정 물질과 결합하면 세균이 단백질 합성을 못해 세포 구조물이 변화되어 죽게 된다. 여러 종류의 세균에 대하여 각각 다른 항균범위를 가지고 있으며, 항생제에 대한 감수성 검사 후 사용을 권장하고 있다. 동물 조직에 잔류 기간이 길어 반드시 휴약 기간을 지켜야 한다.
	– 아미노글리고사이드 계열 : 아프라마이신, 스트렙토마이신, 가나마이신, 겐타마이신, 아미카신, 토브라마이신, 네틸미신 등 – 마크로라이드 계열 : 틸미코신, 타이로신, 아이블로신, 에리스로마이신, 스피라마이신, 이지트로마이신, 클라리트로마이신, 툴라트로마이신 등 – 린코사마이드 계열 : 린코마이신, 클리다마이신, 데옥시 린포마이신, 필리마이신 등 – 플루로무틸린 계열 : 티아물린 – 스트렙토그라민 계열 : 버지니아마이신, 퀴누프리스틴, 달포프리스틴 등 – 테트라사이클린 계열 : 테트라사이클린, 옥시테트라사이클린, 클로로테트라사이클린, 독시사이클린, 미노사이클린 등 – 페니콜 계열 : 클로람페니콜, 플로페니콜 등
핵산 합성을 저해하는 항생제	세균 세포의 핵산에 작용하거나 핵산 중 DNA의 자이레이스 효소에 결합하여 핵산 합성을 억제하는 작용을 한다. 광범위한 세균감염증 치료에 이용된다. 플로로퀴놀론 계열은 최근 개발된 항생제로서 우리나라에서 많이 사용한 결과 내성 발현률이 높아 공중보건학적으로 중요하게 취급되고 있다.
	– 인체용 : 시프로플록사신, 카티플록사신, 레보플록사신 등 – 동물용 : 엔로플록사신, 오르비플록사신, 디플록사신, 다노플록사신, 마보플록사신 등
세균 대사 기능을 억제하는 항생제	설폰아마이드는 세균의 엽산 형성을 방해해 발육을 억제하는 작용을 한다. 세균의 급성 감염 초기에 효과적이다. 그러나 여러 가지 항생제와 복합 처방으로 사용하고 있다. 특히 설파메다진과 타이로신 합제가 돼지의 위축성 비염 및 호흡기 질병 치료 및 예방제로 사용되고 있다.
	– 설파닐라마이드, 설파피리딘, 설파메다진, 설파디아졸, 설파디메톡신, 설파구아니딘 등

항생제의 종류

페니실린을 만든 곰팡이

역사상 처음 페니실린을 발명한 사람은 런던 세인트메리 병원에서 일하던 알렉산더 플레밍이다. 1941년 플레밍은 버려진 미생물 배양용기에 든 젤리 위에 자라난 포도상구균을 관찰했는데, 그는 이 균이 곰팡이가 자란 곳에서는 살지 못한다는 사실을 발견했다. 플레밍은 곰팡이가 만드는 어떤 물질이 이 세균을 죽인다고 생각했고 페니실륨 노타툼이라는 곰팡이를 세밀하게 연구하여 이 결과를 세계 최초로 학술지에 발표했는데, 이것이 주목을 받았다. 그러나 이 우연한 발견을 이용해 페니실린 배양액에서 효과적인 성분을 뽑아 약품을 만든 것은 하워드 플로리(Howard Walter Florey)라는 과학자다. 그는 이 물질을 분리한 뒤 사람 대신 쥐를 이용해 각종 병원균에 대한 실험을 진행했다. 또한 찰스 플레처는 이 물질이 사람들에게 독성이 없음을 증명했다.

페니실린은 특히 전쟁에서 부상당한 부위가 부패해서 죽어가는 많은 사람을 구해냈다. 인체에는 병원성 유해 미생물들이 몸에서 자라지 못하도록 백혈구나 각종 면역단백질을 만들어 막아주는 면역력이 있는데, 부상을 당해 몸이 약해지면 면역력이 떨어져 부상당한 부위에서 생긴 미생물의 번식을 막지 못해 죽어가는 경우가 많다. 미생물은 한 개의 세포로 이루어져 있으나 하루도 지나지 않아 수십억 마리로 증가할 정도로 빠르게 번식한다. 그런데 미생물들도 자기 이외의 다른 미생물들이 주변에 자라지 못하도록 독성물질을 만든다. 페니실륨 노타툼이라는 곰팡이는 세균들이 세포막을 형성하는 것을 방해해서 더 이상 성장하지 못하도록 한다. 이 성질을 이용해 페니실린이라는 항생제가 개발된 것이다.

식품문제의 집합체, 패스트푸드

초등학교를 다니던 시절, 학교 가는 길에 뒷산을 지나면 미군 부대가 진주하고 있는 진한 녹색 천막이 있었다. 미군들은 씨레이션(전투식량)을 먹다가 우리가 지나가면 비스킷을 던져주곤 했다. 큰 녹색 캔에 비스킷과 사탕, 커피와 작은 치즈 캔들이 들어 있었다. 미군들은 비스킷에 치즈를 발라 맛있게 먹었다. 나도 버린 깡통에 들어 있는 작은 캔을 주워서 노르스름한 연성 가공치즈를 손으로 찍어 먹었는데 그 맛이 기막히게 좋았다.

가공식품은 제1차 세계대전 때 미국에서 처음으로 군인들의 비상식량을 만들면서 발전하기 시작했다. 캔에 넣어 열처리를 하기 때문에 썩지 않아 오랫동안 저장할 수 있고, 부피도 작고 아무 곳에서나 즉시 먹을 수 있어 그야말로 편리한 식품이다. 그러나 가공식품의 편리함 이면에 숨어 있는 폐해들이 한꺼번에 모여 탄생한 것이 바로 패스트푸드다. 햄버거, 피자, 도넛, 치킨 등 조리 과정이 간단해서 주문하면 바로 먹을 수 있는 패스트푸드는 식품의 재료들을 최대한 값싸게 생산해 오랫동안 저장할 수 있도록 미리 가공 과정을 거친다. 패스트푸드의 주원료는 동물성 단백질, 지방, 정제된 설탕, 소금, 화학조미료다. 또한 성장과 대사에 필요한 비타민과 미네랄을 섭취할 수 있는 녹황색 채소가 부족하며, 대부분 값싸게 대량으로 생산되기 때문에 그 위해성은 더 가늠하기 어렵다.

패스트푸드는 식품문제의 집합체라고 해도 지나치지 않다. 패스트푸드에는 해로운 식품첨가물이 넘쳐나며 환경호르몬이 다량으로 검출되고 있다. 햄버거에 들어가는 햄이나 소시지류에는 착색료로 쓰이는 아질산염이 가장 많이 검출되었고, 치즈나 버터는 시중에서 판매되는 것보다 더 많은 보존제와 첨가물이 들어가 있다. 감칠맛을 내기 위해 쓰는 화학조미료는 우리 몸의 칼슘 흡수를 막고 뼛 속에 저장된 칼슘까지 떨어져나가게 만든다. 첨가제 덩어리인 패스트푸드는 바쁜 일정에 쫓기는 성인뿐만 아니라 성장기에 있는 어린이들도 즐겨 먹고 있기 때문에 위해성이 더 크다.

패스트푸드를 즐겨 먹는다면 당연히 환경호르몬의 영향에서도 안전하지 않다. 2000년 3월 미국의 맥도날드, 피자헛, KFC, 하겐다즈 등 유명 패스트푸드 업체의 제품에서 발암 물질이자 환경호르몬 물질인 다이옥신과 퓨란이 검출되었다. 세계보건기구가 공인한 다이옥신 전문 측정기관인 '미스웨스트연구소' 보고서에 따르면 맥도날드 '빅맥'에서 다이옥신류가 1.2피코그램(pg), 피자헛의 '퍼스맬피자 수프림'은 1.28피코그램, KFC의 치킨은 1.29피코그램이 검출되었다. 체중 20킬로그램 어린이의 하루 섭취 허용량이 1.4피코그램인 점을 감안할 때 햄버거 하나만 먹어도 하루 허용량의 90퍼센트를 섭취하게 되는 셈이다.

위생문제도 안전하지 않다. 간편하고 맛이 좋아 자주 먹게 되는 햄버거에는 세균이 득실거린다. 1999년 대한 주부클럽연합회에서 서울시내 패스트푸드점에서 판매되고 있는 햄버거 20개 종류에 대해 안정성 여부를 조사한 결과 24시간 이내 식중독을 일으킬 수 있는 황색포도상구균이 기준치 이상으로 나왔다. 이후 2005년과 2009년에도 일부 유명 패스트푸드점에서 포도상구균과 대장균이 기준치 이상으로 발견되어 시민들에게 우려를 주었다. 얼마 전 미국 쇠고기 작업장에서 발견돼 논란이 되었던 O157 대장균 또한 쇠고기 분쇄육을 쓰는 햄버거를 통해 전염되는 경우가 많은 것으로 밝혀졌다. 자극적인 맛과 풍미로 입맛을 자극하는 패스트푸드는 첨가제와 환경호르몬, 화학조미료와 세균투성이라는 실체를 숨긴 채 계속해서 우리의 식탁을 점령하고 있다. 패스트푸드는 맛이 달고, 짜고, 기름지다. 그런데 이런 맛의 특징은 식품고유의 맛이 아니고 에너지를 충족하려는 본능일 뿐이다. 원래 식품 고유의 맛이나 색, 향기 성분은 자신을 해치는 해충이나 병원성 바이러스, 곰팡이를 퇴치하거나 자외선에서 발생하는 유해산소로부터 자신을 방어하기 위한 면역물질이다. 반면 당분이나 지방 성분은 에너지 저장물질이고, 소금도 세포의 삼투압을 유지하기 위한 성분으로 자연계의 모든 식물이나 동물에 존재한다. 밥이나 빵, 고구마, 감자의 주성분인 전분이 분해되면 단맛의 기본 성분인 포도당이 된다.

단것을 찾는 것은 혈당을 올려 에너지를 만들겠다는 몸의 신호다. 몇 끼 굶은 다음 폭식을 하면 오히려 더 허기지고 단 음식이 당긴다. 또 스트레스를 받거나 밤잠을 못 이룰 경우에도 마찬가지다. 이것은 몸과 마음이 편안하지 않아 식생활 습관을 비롯한 생활 습관이 무너져 있음을 의미한다. 불규칙한 생활로 생체리듬이 깨지면 보상작용이 일어나 에너지를 더 많이 저장하려고 하기 때문이다. 이것이 에너지로 대사되지 못하고 지방으로 변해 몸에 축적되면 살이 찌는 것이다.

무한 경쟁의 스트레스에 시달리는 현대인의 약점을 파고들어 이윤을 만드는 것이 바로 패스트푸드인 셈이다. 건강을 해친다는 수많은 경고에도 아랑곳없이 각종 육류와 튀긴 음식을 멀리할 수 없는 것은 그런 음식이 주는 지속적인 포만감과 생존의 안정감 때문이다. 특히 요즘 입시에 시달리는 아이들이 먹는 음식은 지나치게 달고, 짜고, 맵고, 기름진 자극적인 음식으로 변하고 있다. 이젠 떡볶이도 떡을 튀겨서 케첩을 바른 떡꼬치로, 찐만두도 튀김만두로, 고구마도 찐 것이 아닌 맛탕으로, 닭요리도 모두 프라이드치킨으로 변해 버렸다.

'햄버거병' 일으키는 O157 대장균

O157 대장균은 전염성이 매우 강한 균으로 인체에 침입하면 복통과 설사를 동반하며 피가 섞인 혈변(Bloody Diarrhea, 血便)을 일으킨다. 심한 경우에는 독소가 몸에 퍼져 적혈구를 파괴하며, 특히 신장을 공격해 용혈성 요독증(尿毒症)을 일으키는 것으로 알려져

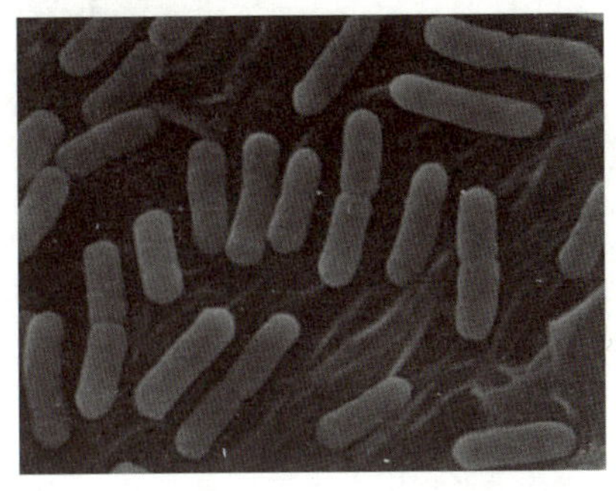

있다. 또 어린이나 노인의 경우 요독증이 심하게 진행되면 호흡기와 순환계에 장애를 일으켜 사망에 이르는 경우도 있다.

1982년 미국 오리건 주와 미시간 주에서 O157 대장균에 의한 햄버거 집단 식중독 사건이 처음 발생했다. 그 후 영국, 프랑스 , 이탈리아, 중국 등 세계 각지에서 발견되었다. 일본도 1984년부터 산발적으로 중독 사건이 생기다가 1996년 오키야마 현에서 어린이들이 집단 식중독에 감염되어 2명이 사망하고, 전국적으로 퍼져 11명이 사망하는 대사건으로 번졌다.

1999년 미국 질병관리통제본부의 자료에 따르면 당시 7만 3,000명의 환자가 발생했고, 그 가운데 60명이 사망했다. 주로 저항력이 약한 노인과 어린이들이었다. 또 이 대장균은 미국과 일본은 물론 우리나라에서도 집단 식중독을 일으키고 있는 악명 높은 균이다. 그래서 '살인 대장균'이라는 오명을 갖고 있을 정도다.

2009년에 나온 한 논문에 의하면 O157 대장균 때문에 미국에서 발생하는 환자는 매년 11만 건으로 추산되며, 주로 소나 양, 사슴 같은 반추동물들에게서 유행된

다고 한다. 당시 대규모 리콜사태가 발생한 미국산 쇠고기 중 일부가 O157 대장균 감염이 의심되었으나 정부는 햄버거용 분쇄육으로 가공되어 회수가 불가능하다는 결론만 내려 논란이 된 바 있다.

잠복기간이 4~5일 정도로 길기 때문에 식중독의 원인을 알아낼 수 없으며 그 만큼 예방하기도 어렵다. 치사율은 1,000명당 6~7명 정도로 낮은 편이지만 전염성이 아주 강해 확산 속도가 빠르다. 환자의 대변을 통해 배출된 균이 주로 음식과 손을 통하여 입으로 전염된다.

미국에서 이 병은 주로 날로 된 음식이나 살균 과정을 잘 거치지 않은 우유를 먹고 난 후 발생하며 오염된 물을 마시거나 그러한 물에서 수영한 후 나타나는 경우도 있다. 깨끗하지 못한 채소에서도 발생한다. 그러나 최근에는 더러운 쇠고기 분쇄육에서 나타나는 경우가 자주 발생하고 있다. 이 분쇄육은 주로 미국인들이 즐겨 먹는 햄버거에 많이 사용된다. 그래서 '햄버거 병'이라는 별칭도 붙었다. 햄버거병균인 O157 대장균은 사실 사람이 만든 것이다. 소는 원래 풀만 먹고 사는데 쇠고기에 지방이 점점이 박혀 마블링을 잘돼 기름진 맛이 나도록 옥수수를 먹였다. 이 때문에 장이 산성화되면서 내산성 균이 나타났고 이들 중 병원성을 갖는 균을 사람이 먹게 된다. 보통 대장균은 강한 위산 때문에 장에 도달하기 전에 죽는데 O157 대장균은 여기서 살아남아 병원성을 나타내 살인대장균이 된 것이다. 사실 꽃등심이라고 불리는 비싼 쇠고기들은 중성지방과 콜레스테롤, 그리고 오메가-6 지방산 함량이 오메가-3 지방산에 비해 지나치게 높아 건강에도 최악이다.

제2부

나쁜 음식

식탁의 오적, 오백식품

비만, 당뇨, 고혈압, 뇌졸중 등 현대 만성병의 주원인은 흰쌀, 흰 밀가루, 흰 설탕, 흰 소금, 투명한 식용유 등 과대 가공식품의 일상적인 과다섭취와 운동 부족이다. 이런 병들은 이전에는 거의 없었고 간혹 흰 쌀밥만 먹고 육체노동이 적은 부자나 고관들만 주로 걸렸다. 그러나 기계문명의 발달로 노동력이 줄어들고 가공식품 위주로 식생활 환경이 바뀌면서 일반화되었다. 국내 당뇨병 환자는 500만 명에 이르며 당뇨 전단계의 상태인 사람도 500만 명으로 추산된다. 30대의 경우 10명 중 1명, 60대는 2~3명 중 1명이 당뇨병 환자다.

당뇨병은 공복 시 혈액 중 포도당의 농도가 정상치인 126mg/dl 보다 높은 경우에 나타나는 증상이며, 일반적으로 100mg/dl보다 높으면 주의해야 한다. 당은 주요 에너지원으로 음식이 소화되면 장에서 흡수되고 혈액을 통해 산소와 함께 세포에 공급된다. 인슐린 효소의 도움으로 세포 내로 운반된 뒤 세포 내 기관인 미토콘드리아에서 에너지대사 과정을 통해 ATP라는 에너지 저장체로 바뀌어 필요할 때 이용된다. 에너지대사 과정에는 촉매 역할을 하는 각종 미네랄과 비타민, 효소들이 필요하다. 그런데 흰쌀, 흰 밀가루, 흰 설탕, 흰 소금, 투명한 식용유 등은 가공 정제 과정에서 이와 같은 요소들이 대부분 제거되기 때문에 에너지대사가 정상적으로 이루어질 수 없다. 에너지로 전환되지 못한 당은 혈액에 쌓여 당뇨병을 일으키고 지방으로 축적되어 지방간이나 비만의 원인이 된다.

특히 소금의 과다섭취는 고혈압과 당뇨병에 치명적이다. 99.9퍼센트 순도로 정제된 흰 소금은 소금 성분 외에 칼륨 등의 다른 미네랄들을 대부분 제거해 세포 내외의 삼투압 조절과 영양소 흡수에 악영향을 준다. 소금의 과다섭취는 혈액 내 수분 함량을 높여 고혈압을 일으키고 암 발생률을 증가시킨다. 식용유도 탈색 과정에서 체내에서 비타민 A가 되는 카로틴이나 레시틴 같은 주요 영양소를 분해 제거하므로 에너지원인 기름만 남는다.

흰쌀, 흰 밀가루, 흰 설탕, 흰 소금, 투명한 식용유와 같은 백색 식품은 가장 먼저 조리 과정에서 퇴출해야 할 건강의 오적이다. 백색 식품이 사라진 자리에 현미, 통밀가루, 직접 짠 참기름과 들기름, 천일염, 죽염 등이 대신 들어와야 할 것이다.

공포의 흰 밀가루

아이들이 좋아하는 음식에는 대부분 밀가루가 들어 있다. 햄버거, 피자, 빵, 과자, 라면 등 대부분이 수입 밀가루로 만들어진다. 수입 밀가루는 오랜 기간 저장해도 썩지 않고 벌레 한 마리 안 생겨 의심을 받았다. 그전에는 장기간의 수송과 저장을 목적으로 여러 가지 살균제와 살충제가 들어갔는데 구아자닌, 카벤다짐, 디페노코나졸 등의 살균제와 말라티온, 메치오카브, 벤디오카브 등의 살충제가 그것이다. 일본에서는 밀가루에서 살충제인 레르단이 검출되어 파문이 일었고, 우리나라에서도 지난 1993년 목포와 부산에 들어온 미국, 호주산 수입 밀에서 허용 기준치의 132배에 달하는 농약이 검출되기도 했다. 이러한 살충제는 살충 효과가 매우 빠르고 곡물 속으로 침투가 빠른 농약으로 화학 구조상 분해되기 어려워 오랫동안 곡물에 잔류되는 특성이 있다. 인체에 중독되었을 때 식욕부진, 구토, 설사, 두통, 경련, 불면증, 언어장애 등을 일으킬 수 있는 물질이다. 우리가 소비하는 농산물의 주 수입원인 미국의 경우 농가의 호당 경지 면적이 우리보다 150배 이상 넓고 대부분 우리나라와 같은 제삼국에 수출하는 것을 목표로 재배한다. 그러므로 재배 과정에서 농약에 의존하지 않을 수 없다. 더 큰 문제는 수확한 후 저장하는 과정에서 막대한 농약이 살포되는데 이 농약이 씻겨나갈 기회도 없이 선적되어 수입된다는 것이다. 요즘은 이런 농약들이 사회문제가 되자 포르말린 등의 훈증제들을 사용한다. 포르말린은 휘발성 포름알데히드로 변해 강력한 살균력으로 방부작용을 하는데, 주로 생물 실험실에서 마취제나 표본 방부제로 사용하거나 영안실에서 시체 처리에 사용한다.

농약 대신 사용한다고 해서 포르말린이 결코 안전한 물질이라는 것은 아니다. 포르말린은 새집증후군의 대표적 물질로 아토피와 암을 유발하는데도 저장 곡류에서 어떠한 변화를 일으키는지 연구조차 되어 있지 않다.

수입 밀은 바구미조차 생기지 않는 꺼림직한 밀이다. 우리 밀이 수입 밀에 비해 최소 2~3배 비싸지만 종자나 재배되는 토양이 다르고 겨울에 자라므로 농약을 쓸 필요가 없기 때문에 영양학적으로 더 우수하고 안전하다. 실험에 따르면 우리 밀은 수입 밀보다 인체 면역 기능이 2배나 높은 것으로 나타났다. 시판 밀가루는 수입한 통밀의 표피를 제거해 분쇄하는데, 이 과정에서 마그네슘과 아연은 5분의 1로, 칼슘은 3분의 1 수준으로 줄어든다.

식품	회분	칼슘	철	마그네슘	크롬	아연	망간	셀레늄	구리	비타민 B6	비타민 E
흰쌀	54	80	64	83	75	75	45	86	26	100	100
흰 밀가루	75	60	76	85	40	78	86	16	68	72	96
흰 설탕	80	98	96	98	93	98	89	100	83	100	100

정제 가공에 의한 자연식품의 영양 손실률(%)

죽어 있는 쌀, 흰쌀

우리가 주식으로 먹는 흰쌀은 단순한 칼로리원에 지나지 않는 죽어 있는 식품이다. 물론 원래 쌀은 그렇지 않은데 도정을 하면서 전분질만 남고 미네랄을 비롯한 영양소들이 대부분 제거되었기 때문이다. 결국 흰 쌀밥은 에너지원만 있지 정작 에너지 대사에 필요한 미네랄인 마그네슘이나 칼슘 등의 영양소 결핍을 불러와 당뇨 등 현대병의 가장 큰 원인을 제공하고 있다. 이 문제는 도정하지 않은 현미를 먹으면 간단히 해결된다. 현미의 껍질과 씨눈에 비타민과 미네랄, 단백질, 필수지방산, 면역물질 등 중요한 영양소의 95퍼센트와 섬유질이 들어 있기 때문이다. 당질의 에너지 전환에 필요한 비타민 B군과 미네랄이 없으면 신경장애가 생기고 스트레스에 저항력이 떨어진다. 요즘 아이들이 잘 먹고 신체 발달은 빠르지만 지구력이 떨어져 체력저하 현상이 나타나는 것도 이 때문이다. 사람들은 배가 고프면 불안해지는데, 이는 혈당이 저하되어 뇌의 대사를 불안정하게 하고 스트레스 호르몬이 많이 분비되기 때문이다. 아이들은 공격적이고, 집중력이 떨어지며, 짜증을 내고, 성적이 부진해진다. 혈당이 안정되려면 흰 쌀밥이나 밀가루 음식 또는 설탕이 많이 들어간 음식 대신 섬유질이 많은 현미 등의 통곡류를 많이 먹어야 한다. 특히 섬유질은 당질의 소화 흡수가 천천히 이루어지도록 돕기 때문에 혈당의 급격한 상승을 막아 당뇨병을 예방하며 각종 화학물질이나 중금속, 발암성 물질들을 배출시키는 작용을 도와준다. 현미, 현미찹쌀, 통밀, 차조, 차수수, 통보리, 팥 등을 취향에 맞게 섞어 먹으면 밥맛이 더 고소하며 압력솥을 이용하면 굳이 불리지 않아도 된다. 현미찹쌀과 5분도미를 반반씩 섞어 먹으면 맛이 고소하고 영양손실도 적어 아이들이 먹기에도 좋다.

현미를 5번 깎은 5분도미까지는 씨눈이 있어 원래 영양가의 절반 이상을 갖고 있으나, 그이상이 되면 씨눈이 떨어져 나가 영양소가 크게 줄어들고 10분도가 넘어가면 5분의 1도 남지 않는다. 우리 아이들은 이 현미찹쌀밥이 고소하고 맛있다며 백미보다도 훨씬 더 선호하는데 영양가치도 현미의 80퍼센트 이상을 유지해 차이가 거의 없어 일거양득이다.

흰 설탕

독일 유학시절 나의 연구실이 자리 잡은 베를린의 설탕 박물관 (Zuckermuseum in Berlin)에서 설탕의 역사를 한눈에 볼 수 있었다. 설탕은 원래 인도와 북아프리카에서 약품으로 사용되었는데 노예무역을 통해 카리브해의 설탕플렌테이션에서 대량생산되기 시작해 홍차나 커피, 초콜릿과 함께 제국주의 무역의 중심을 이루었다.

설탕은 사탕무나 사탕수수에서 추출한 당으로 탈색, 탈취, 탈검(검류 등의 고분자 물질을 제거하는 것) 및 결정화 과정을 거쳐 흰색의 제품으로 생산된다. 원래 원료당에는 섬유질과 비타민, 미네랄이 풍부한데 정제 표백 과정을 거쳐 대부분 제거된다. 더구나 생산지에서 많은 양의 농약이 살포되기 때문에 안전성도 의심받고 있다. 설탕은 대부분의 음식에 함유되어 있다. 초콜릿의 절반 이상이 설탕이다. 사탕이나 아이스크림, 도넛이나 과자류는 물론이고 잼, 버터, 통조림, 케첩에도 포함되어 있다. 콜라에 8.8퍼센트, 요구르트에 13.7퍼센트나 들어 있다는 사실을 생각해보자. 이런 설탕이 비만과 당뇨 및 충치의 원인이고 결국은 흰쌀이나 흰 밀가루처럼 만병의 원인이 된다. 정제도가 높아질수록 백도가 높아지는데 한국은 세계에서도 가장 높은 백도의 당을 수입한다고 한다.

흰 설탕은 수크로스(Sucrose) 99.9퍼센트 수준의 정육면체 결정체인데, 음식이라기보다는 순수 화학물질이라고 보면 된다. 다양한 영양소가 골고루 들어 있는 음식을 선호하는 우리 몸은 이런 정제된 물질이 들어오면 신경계가 긴장하고 면역세포의 기능도 떨어진다고 한다.

고소한 맛, 시원한 맛, 담백한 맛 등 식품 고유의 감칠맛을 살려서 조리하고, 꼭 설탕을 써야 한다면 흰 설탕 대신 정제하지 않은 유기농 설탕을 먹는 것이 좋다. 조금만 찾아보면 우리 주위에는 꿀이나 조청, 올리고당처럼 설탕 대신 사용할 수 있는 천연감미료가 많이 있다. 최근에는 사탕수수나 사탕무즙을 그대로 건조시켜 만든 원료당도 구할 수 있다.

투명한 식용유

원래 콩에서 짜낸 기름에는 비타민 A, 비타민 E, 레시틴, 지방 등이 풍부하지만 여러 공정을 거치면서 모두 제거되고 열량원인 지방만 남는다. 더구나 유전자조작 콩인 '라운드업레디'가 널리 이용되면서 대두유뿐만 아니라 옥배유, 유채유, 면실유도 거의 유전자조작 종자가 대부분을 차지하고 있다. 물론 이들이 수출될 때는 각종 농약이 살포된다.

식용유로 튀긴 음식은 건강을 해치며 비만을 유발한다. 비만은 당뇨병으로 이어진다. 대부분의 식품은 기름으로 튀기면 과산화지질이나 트랜스지방산이 생기는데, 이것은 유전자를 손상시키고 암을 유발하기도 한다. 식용유 대신 간 기능에 도움을 주는 참기름이나 오메가 지방산이 많아 뇌와 신경 발달에 좋은 들기름을 샐러드에 섞거나 비빔밥에 넣어 많이 섭취하자. 튀김요리에는 쉽게 산화되지 않고 맛이 고소한 올리브유나 미강유가 좋다.

흰 소금

최근 FDA에서는 하루 소금 섭취량을 7그램에서 3.5그램으로 낮추었다. 그런데 우리나라의 소금 섭취량은 권장량을 훨씬 넘어선다.

소금은 만병의 원인이며 고혈압과 당뇨에도 치명적이다. 우리가 주로 먹는 백색 정제염은 표백 처리를 하면서 각종 미네랄이 제거된 것이다. 게다가 시판 소금 중에 납과 카드뮴, 수은 등이 검출되었는데도 품질검사가 아예 면제돼 국민건강이 위협받고 있다. 최근에는 일부 잘못 제조된 구운 소금, 볶은 소금, 죽염에서 다이옥신이 검출되기도 했다. 조리 과정에서 소금 사용을 가능한 줄이고, 정제된 백색 소금 대신 미네랄이 풍부한 천일염을 사용해야 한다.

죽음의 3중주 '아침의 도넛'

시간에 쫓기는 직장인이나 학생들은 식사대용으로 도넛을 선호한다. 간편하기도 하지만 달고 기름진 도넛의 맛에 끌리기 때문이다. 도넛(Doughnut)은 밀가루 반죽(Dough)과 견과(Nut)가 합쳐 생긴 말이다. 즉 밀가루 반죽을 기름에 튀기면 기름이 스며들어 견과류처럼 고지방 식품이 된다는 의미다. 그런데 미국의 일부 식품 전문가들은 도넛을 죽음의 3중주(Triangle of Death)라고 부른다고 한다. 이것은 도넛의 주재료인 흰 밀가루, 식용유, 설탕을 지칭한다. 도넛은 설탕을 듬뿍 첨가한 밀가루 반죽을 기름에 튀기고 또 다시 설탕가루를 뿌린, 달고 기름진 나쁜 음식이다. 모든 튀김 음식이 건강에 좋을 리 없지만 도넛은 그중에서도 가장 권장할 수 없는 식품이다.

밀가루를 반죽할 때는 이스트와 함께 설탕을 넣어야 밀가루가 빠르게 잘 부풀어 오른다고 한다. 설탕과 흰 밀가루는 신진대사의 필수영양소인 미네랄, 비타민, 식이섬유 등이 모두 제거되고 전분만 남아 있는 저 영양 식재료이며 대부분 농약을 쳐서 대량생산된 수입산이기 때문에 더욱 해롭다. 요즘 나오는 도넛은 단순한 튀김이 아닌 케이크 종류이거나 블루베리, 석류 등을 첨가해 칼로리가 훨씬 더 높아졌다. 게다가 튀기는 과정에서 트랜스 지방과 포화지방도 많이 함유된다. 도넛을 바삭바삭하게 만들기 위해 튀김유로 쇼트닝을 많이 사용하기 때문이다. 그러나 지금은 많은 업체들이 튀김유를 식물성유로 전환하는 추세이기도 하다.

식품의약품안정청이 식품군별 트랜스지방 및 포화지방 함량을 비교한 결과 지난 5년간 트랜스지방은 크게 줄어든 반면 포화지방은 여전히 높은 것으로 조사됐다. 1회 제공 기준량 도넛 70g당 포화지방 함량이 평균 7.9g으로 햄버거나 피자보다 높았다. 햄버거의 포화지방이 평균 2.1g인 것과 비교하면 3배가 넘는 수치다. 포화지방을 과량 섭취할 경우 혈중 콜레스테롤 수치를 높여 심혈관 질환에 영향을 미치는 것으로 알려져 있다. 포화지방을 매일 다량으로 섭취할 경우 동맥경화, 고혈압, 비만 등 성인병을 초래할 수 있다.

과자전쟁

맞벌이 부부가 많아지자 간편한 가공식품이 가족의 식탁을 차지하고 있다. 또한 단것을 좋아하는 아이들이 조리 과정 없이 그대로 먹을 수 있는 과자는 이제 간식이 아니라 거의 매일 먹는 주식의 하나가 되었다. 그런데 아직 유해물질의 대사 및 해독, 배설기능이나 체내 면역시스템이 충분히 발달하지 못한 아이들에게 과자에 함유된 각종 화학첨가물들은 알레르기나 아토피를 비롯한 피부염과 간장독성을 유발할 수 있다. 환경부는 우리나라 초등학생들의 아토피 유병률이 1995년 16.6퍼센트에서 2005년 29.1퍼센트로 거의 2배나 높아졌고, 2005년 현재 천식의 사회경제적 비용은 연 2조 원으로 암(5조 5,300억 원), 심·뇌혈관 질환(4조 2,500억 원)의 절반 수준에 육박하고 있다고 밝혔다.

2006년 KBS 〈추적60분〉에서 '과자의 공포-우리 아이가 위험하다'를 방송하자 전국이 떠들썩했다. 아토피 피부염에 걸린 아이들에게 과자를 먹인 결과 아토피가 현저하게 악화되었다. 특히 아이들을 둔 엄마들의 걱정은 바로 과자의 매출 감소로 이어졌고 제과업계는 언론사를 상대로 300억 원의 손해배상을 청구하겠다고 반발했다. 과자전쟁이 터진 것이다. 그러나 풀무원 같은 몇몇 식품회사들은 방송에서 문제로 삼은 첨가물 7종을 아예 사용하지 않겠다고 선언했다. 이 방송에서 지적한 문제의 첨가물은 적색 2호, 적색 3호, 황색 4호, 황색 5호, 차아황산나트륨, 안식향산나트륨, MSG였다.

식품의약품안정청은 이 방송 내용의 사실 여부를 임상시험으로 확인하겠다면서 서울의대 연구팀과 연구에 착수했고 그 결과를 발표했다. 그러나 발표 내용을 보면 이 실험의 의도나 방법, 그리고 결론 자체가 식품업체에 유리하도록 식품첨가물이 무해하다는 사실을 강변하기 위해 계획적으로 만들어진 것이 아닌가 하고 의심될 정도로 편향적이었다. 실험 대상에서 중증 아토피 환자는 다 제외시키고 첨가물 허용량을 10분의 1 수준으로 지나치게 적게 책정하는 등 부적절한 실험 방법을 채택해 현실적 의미가 퇴색된 결론을 낸 것이다. 실제로 과자가 문제가 되는 대상의 아이들은 과자를 많이 먹어 알레르기 등의 피부병력이 있는 중증 아토피 환자들이기 때문이다. KBS 〈추적60분〉에서는 다시 '과자의 공포 그후 1년, 식약청 발표 믿어도 되나?'를 방송하며 이러한 문제점들을 지적했고 이를 검증하고자 토론회를 제의했으나 식약청은 이를 외면했다.

한편 이를 계기로 가공식품에 들어 있는 식품첨가물들이 해롭다는 인식이 확산되면서 2006년 9월부터 가공식품에는 완전표시제가 시행되었다. 이에 따라 성분 민감 집단 및 특이체질의 사람들이 과민반응을 일으킬 수 있는 물질인 합성감미료, 합성착색료, 합성보존료, 산화방지제 및 표백제의 목적으로 사용되는 주요 식품첨가물 71개 품목에 대해 사용량에 관계없이 명칭과 용도를 반드시 표시하도록 했다.

더 나아가 식약청에서는 앞으로 어린이 기호식품에 타르 계통의 색소 사용을 금지하겠다고 발표했다. 이 때문에 과자업계에서는 색소들을 모두 천연물질로 바꾸느라 대소동이 일어났다. 안토시아닌 등 플라보노이드 계통의 천연색소는 색이 진하지 않고 쉽게 변색되는 단점이 있으나 항산화, 항균, 항염 등의 면역력을 증진시키는 기능성을 함유한 물질들이 많다. 이들은 인체의 면역력을 증진시키는 작용이 뛰어나 최근 오색과일과 채소로 관심을 끌고 있다.

식품첨가물이 아이들의 성장에 미치는 악영향은 아토피 피부염뿐만이 아니다. 최근 급증하고 있는 주의력결핍 과잉행동장애(ADHD, Attention Deficit Hyperactivity Disorder) 또한 각종 유해 화학물질을 먹거나 마시는 생활습관과 무관하지 않다. 집중력과 기억력이 떨어지고 충동적 행동을 반복해 극심한 학습장해를 일으키는 문제로 ADHD 환자수가 2003년 1만 8,967명에서 2009년 6만 4,066명으로 6년 동안 238퍼센트나 증가했다. 남아가 여아보다 4배 정도 많았고, 시간이 지나면서 0~4세의 영아들은 증상이 감소했지만, 5~9세는 113퍼센트, 10~14세는 376퍼센트나 증가해 점차 환자의 연령대가 높아졌다. 이 병은 소아 정신과를 찾는 아이들의 절반을 차지할 정도로 흔하다. 일상생활에서 과잉행동, 부주의, 충동성 증상을 보여 가정생활은 물론이고 학교 등 단체생활에 큰 지장을 준다. 이 증상을 방치할 경우 폭력행위가 점점 심해져 사회성은 물론 학습능력, 정서 상태, 인지능력이 제대로 발달하지 않아 문제가 커진다. 초등학생 중 5~11퍼센트 정도가 ADHD를 갖고 있으며, 특히 남자아이가 여자아이보다 3~4배 많다. ADHD 진단을 받으면 주로 약물치료를 하고 중추신경계 활성제를 쓰는데 잠을 늦게 자거나 식사량이 줄어들 수도 있다.

이처럼 식품첨가물은 이전에는 없었던 질환을 양산하고, 서서히 우리 몸의 면역체계를 무너뜨린다. 식품첨가물의 유해성은 알려진 것보다 심각하며 그 종류도 매우 많다. 또 아이들이 좋아하는 과자류에 빠짐없이 들어간다는 점에서 우려가 더욱 크다.

식품첨가물은 가공식품을 만들 때 유통기한을 늘리고, 색깔이나 맛, 모양을 좋게 하기 위해 첨가하는 물질이다. 대표적인 식품첨가물로는 화학조미료, 방부제, 감미료, 착색제, 발색제를 비롯해 산화방지제, 탈색제, 팽창제, 살균제 등이 있다. 현재 국내에서 사용되고 있는 식품첨가물은 화학합성물 381종, 천연첨가물 161종, 혼합제제 7종 등 모두 549종에 달한다. 참고로 일본의 경우, 화학합성물은 348종이지만, 천연첨가물 항목에 올라 있는 품목이 1,051종이나 된다. 이는 천연첨가물의 개발과 사용이 더욱 활발함을 보여주는 것이다. 물론 천연이라고 무조건 안전하다고 할 수는 없다. 식품첨가물은 체내에 들어가면 50~80퍼센트는 호흡기나 배설기관을 통해 배출되지만 나머지는 몸속에 축적된다. 또 이러한 첨가물은 한 가지 식품에 한 가지만 들어 있는 것이 아니며, 기준치 이하로 섭취한다고 해도 먹는 대로 조금씩 체내에 쌓이기 때문에 그 유해성은 기하급수적으로 늘어난다.

2002년 일본에서는 실험용 쥐들에게 현재 사용되고 있는 39가지의 식품첨가물을 투여하고 위, 대장, 간, 신장, 방광, 폐, 뇌, 골수를 3시간 후와 24시간 후에 관찰하는 실험을 실시했다. 그 결과 모든 식품첨가물이 이상을 초래했고, 특히 색소의 유해성이 두드러졌으며, 1일 허용량에서도 DNA 손상을 보였다고 한다. 항산화제인 부틸레이티드 하이드록시아니졸(BHA)과 부틸레이티드 하이드록시 톨루엔(BHT), 항진균제, 감미료인 소듐 시크라메이트, 사카린, 수크랄로스가 역시 위장의 DNA에 손상을 주었다. 물론 이것은 동물을 대상으로 실험한 결과이지만 인간에게 해를 끼치지 않는다는 보장이 없는 상태이므로 안정성이 확실하게 입증될 때까지 식품첨가물의 사용에 주의를 기울여야 할 것이다.

하지만 유해성이 밝혀져 논란이 되고 있는 식품첨가물들이 아직도 버젓이 사용되고 있다. 게다가 소비자들의 의식마저 무감각해지고 있어 문제가 심각하다. 대표적인 식품첨가물 중에서 화학조미료 MSG, 보존료 안식향산, 합성색소의 유해성을 좀 더 자세히 알아보자.

현재 화학조미료에는 아미노산인 글루타민산에 나트륨을 붙여 수용성을 높인 글루타민산나트륨(MSG)과 핵산계가 대표적인데 특히 MSG는 라면, 맥주, 소주, 소시지 등 육가공품과 즉석식품 등 각종 식품에 빠짐없이 들어가 화학첨가물의 슈퍼스타가 되었다. 현대인의 입맛이 화학조미료에 길들여 있는 셈이다. MSG는 아주 작은 분자이기 때문에 임산부가 섭취할 경우 태반을 쉽게 통과해서 태아가 피해를 입을 수 있으며, 유아의 경우 미량으로도 대뇌의 뇌하수체가 손상돼 성장에 악영향을 미친다. 핵산계 조미료의 경우는 펄프공장의 폐액에서 추출한 리보핵산을 원료로 사용한다. 화학조미료의 유해성이 서서히 드러나면서 소비자들이 기피하자 기업들은 가공식품인 햄, 소시지, 라면, 이온음료, 과자, 어묵, 케첩, 마요네즈, 술 등을 만드는 식품제조 공장에 팔고 있다. 또한 중국과 동남아시아 국가로 수출해 엄청난 양의 화학조미료가 소비되고 있다. 일단 화학조미료에 길들여지면 다른 맛은 잘 느끼지 못해 가공식품에 중독되기 쉽다. 특히 유아의 경우 세 살 이후에 고유의 미각이 형성되므로 고소한 맛이나 쓴맛을 잃지 않도록 가공식품들을 멀리해야 한다. 영국의 한 병원에서는 매사에 의욕이 없고 이유 없이 과격한 행동과 폭력을 일삼는 H-LD(Hyperacitivity/Learning Disabilities Syndrome) 증상을 보이는 76명의 아이들에게 합성첨가제가 첨가되지 않은 음식을 제공하는 식사요법을 실시했다. 그 결과 81퍼센트의 아이들이 정서적으로 아주 안정되었고, 피부염, 중이염, 편두통 같은 물리적 증상까지 호전되었다. 연구를 계속한 결과, 인공착색료와 보존료가 아이들에게 가장 치명적이었다는 사실이 밝혀졌다. 안식향산계가 보존료로 지정된 이유는 세균이나 곰팡이의 세포를 죽이는 효과가 있기 때문이다. 이것은 안식향산이라는 보존료가 인간의 세포까지도 죽일 수 있다는 사실을 뜻한다. 결국 방부제는 체내에서 유전자를 파괴하거나 변이를 일으켜 암을 유발하기도 한다. 지금 안전하다는 방부제도 언제 발암물질로 밝혀질지 알 수 없는 일이다. 그러나 현실은 더욱 심각해서 안식향산과 같이 그 유해성이 입증된 방부제가 전 세계적으로 음식은 물론 화장품에도 널리 쓰이고 있는 실정이다.

색소는 주로 석탄 타르에서 추출한 벤젠이나 나프탈렌을 원료로 만들어지며 우리나라의 경우 현재 16종이 허용된다. 사탕에는 청색 1호와 황색 4호, 아이스크림에는 청색 1호, 황색 4호, 적색 2호, 음료수에는 청색 1호, 적색 2호, 황색 5호가 가장 많이 사용된다. 그러나 미국의 경우 적색 2호는 안전성이 확인되지 않아 사용이 금지되고 있으며, 황색 4호는 연구 결과 천식, 알레르기로 인한 가려움이나 두드러기를 일으키고 장기 복용 시 체중감소, 설사 등의 증상을 유발한다고 경고하고 있다. 일본 하치소세 국립기술대 사사키 박사가 미생물을 이용해 실험한 결과, 이 색소들은 DNA 손상을 가져오는 것으로 나타났다. 이 사실은 암이나 기형을 가져올 수 있다는 증거다.

미국에서 H-LD 증상으로 인한 청소년의 폭력이 문제가 되자 한 연구팀이 조사에 나섰다. 연구팀이 특히 주목한 것은 황색 4호였는데, 추가 실험 결과, 황색 4호 등의 합성착색료가 몸속에 들어가면 메틸니트로소 효소와 에틸니트로소 효소라는 유해 물질이 생긴다. 결국 이 물질이 인간의 뇌 가운데 뭔가 하고자 하는 의욕을 관장하는 전두엽에 상처를 입혀 의욕을 상실케 한다. 우리 몸에는 전두엽에 유해물질이 들어가는 것을 막는 검문소가 있는데 합성색소는 철분이나 효소와 어울려 쉽게 전두엽까지 침범해 들어간다. 이 때문에 이 검문소 기능이 제대로 발달되지 않은 0~3세의 유아에게는 더욱 치명적이다. 우리나라에서도 아토피 증상이 0~4세의 경우 50퍼센트를 넘고, 젊은이들의 만성피로증후군도 면역력이 떨어져 일어나는 현상으로 식품첨가물이 그 원인으로 주목되고 있다. 두 경우 모두 경험적으로 유기농 식품을 먹으면 좋아지고 면역력이 회복된다. 실제로 실험실에서 쥐를 통해 실험한 결과를 봐도 보통 식품보다는 유기농 식품을 먹을 경우 면역력이 높아져 암에 대한 저항력이 커진다는 연구 결과가 나오고 있다. 이것은 유기농 식품에 농약과 식품첨가물들이 없거나 현저히 낮기 때문이다. 유기농 식품은 섬유질 함량이 높고 향기와 맛이 진하다. 이들 향기와 맛 성분들은 대부분 면역

성 물질로 항균력이나 산화방지 효과가 있다. 그러나 아직 우리나라
의 유기 농가는 전체 농가의 3퍼센트도 안 되고 유기농 식품의 수입
도 급증하고 있다.

가공식품에 들어가는 화학첨가물

음료

청량음료에 공통으로 들어 있는 재료는 주요 원료 이외에 구연산, 흰 설탕, 비타민 C, 사과산 등이다. 그중에서 아이들이 즐겨 마시는 환타와 스포츠 건강음료로 알려진 게토레이와 데미소다에는 합성착색료가 더 첨가되어 있다. 특히 어린이 음료로 알려진 제티 바나나맛과 제티 레몬맛 속에는 합성착색료인 황색4호와 황색5호가 나란히 들어가 있다. 어린이들이 좋아하는 콜라에는 당분이 많이 함유되어 있다. 콜라는 전 세계 어린이들의 건강을 악화시키고, 특히 인 함량이 높아 칼슘을 소모시켜 뼈를 약화시키는 주범이다. 콜라의 산도가 거의 pH2.0 수준인데, 이는 화장실 청소나 각종 찌든 때 제거에 좋다고 알려질 정도다. 최근 연구에 따르면 콜라를 즐겨 먹는 남자들의 정자수가 적어서 불임률이 높다고 한다. 또한 콜라를 마시면 당분을 과다섭취하게 되는데, 설탕을 먹으면 혈액 속의 백혈구가 다섯 시간 동안 일을 하지 않아 면역력이 크게 떨어진다는 사실이 관찰되었다.

어묵

무방부제를 표방하는 몇몇 제품을 빼고는 거의 모든 어묵제품에 방부제인 솔빈산칼륨이 들어 있다.

라면

라면의 기본 재료는 소맥분, 팜유, 감자전분, 초산전분, 정제염 그리고 L-글루타민산나트륨(화학조미료)이다. 밀가루 원료 자체가 수입산이기 때문에 수입 밀에 잔류 가능한 각종 농약 성분은 그대로 있다.

햄, 소시지

햄이나 소시지에 합성보존료는 들어 있지 않았으나, 발색제인 아질산나트륨과 솔빈산칼륨(합성보존료), 이리소르빈산나트륨(산화방지제)이 줄줄이 들어 있었다. 아질산나트륨은 소시지, 햄, 산적 등 육가공식품을 먹음직스럽게 보이게 하기 위해 붉은 색을 나게 하는 용도로 사용되는 발색제로, 섭취할 경우 헤모글로빈 대사 작용을 저하시킨다. 또한 아미노기와 반응하여 N—니트로소아민이라는 물질을 생성하는데, 최근 이 물질의 발암성이 문제되고 있다. 아질산나트륨은 소시지의 발색 목적 외에도 맹독성 물질인 보툴린(Botulin)을 생성하는 클로스트리디움 보툴리눔(Clostrididum Botulinum)균을 억제하는 역할도 한다.

간장

간장의 경우 파라옥시악신향산 등의 보존료가 들어 있다. 그리고 무방부제 양조간장이라 해도 유기용매로 기름을 짜고 남은 수입 유전자 조작 콩깻묵이 주원료이기 때문에 전혀 안전하지 않다. 우리 콩으로 만들어 1년 이상 숙성시킨 유기농 간장이 생협에서 판매되고 있다.

젓갈류

무방부제나 무색소를 표방하고 있는 제품 이외에는 L—글루타민산나트륨, D—솔비톨, 솔빈산나트륨 등의 합성보존료가 첨가되어 있다.

사탕류

사탕류에서 가장 문제가 되는 첨가물은 역시 색소다. 롯데 목캔디를 제외한 거의 대부분의 사탕에는 황색 4호, 황색 5호, 적색 2호, 청색 1호 등의 색소가 사용되었다.

아이스크림

아이스크림은 식품첨가물 덩어리 자체다. 아이스크림에는 우리 몸속에 들어가 위험한 화학물질의 흡수를 촉진하는 유화제와 안정제, 알레르기의 원인이라 추정되는 인공감미료와 착색제 등이 들어 있다. 게다가 흰 설탕과 유지방이 다량 함유돼 있는데 유지방은 콜레스테롤과 중성지방 함량이 높아 심혈관 질환의 원인이 된다.

미국의 환경 운동가인 존 라빈스는 세계적인 아이스크림 회사인 베스킨라빈스 사장의 아들이다. 그는 아이스크림을 많이 먹은 가족과 직원들의 건강이 악화돼 병들어가는 것을 보고 『음식혁명』이라는 책을 써서 아이스크림의 유해성을 알리고 있다.

건강을 해치는 최악의 찰떡궁합,
트랜스지방과 패스트푸드

요즘 트랜스지방은 아이들까지 다 알고 있을 정도로 사회문제가 되고 있다. 트랜스지방은 식물성 지방에 수소를 첨가해 굳힌 마가린이나 쇼트닝에 많이 함유되어 있다. 치킨이나 도넛 등의 패스트푸드 제조에 널리 사용되는데 고소하고 바삭바삭한 맛을 준다. 그러 트랜스지방이 건강을 해치고 수명을 단축시킨다는 사실이 밝혀지면서 논란이 계속되고 있다. 트랜스지방을 많이 섭취하면 심혈관계 질환이 생기고 당뇨병과 암에 걸릴 위험성이 커진다. 대부분의 패스트푸드는 맛을 좋게 하기 위해 기름에 튀긴 음식과 설탕을 듬뿍 넣은 음료를 함께 판매하므로 상대적으로 열량만 높고 미네랄이나 비타민 등의 영양가가 낮다. 게다가 트랜스지방의 함량까지 높아 그야말로 우리들의 건강을 해치는 최악의 찰떡궁합을 이루고 있다.

식용지방은 보통 중성지방을 말하며 3개의 지방산이 1개의 글리세롤과 결합한 고분자 형태로 이루어져 있다. 지방산은 종류에 따라 수 내지 20여 개의 탄소가 서로 염주처럼 연결되어 있고 남은 탄소 가지에 수소가 다닥다닥 붙어 있는 형태를 이룬다. 지방은 동물성 지방처럼 포화지방산이 많을 경우 상온에서 고체 상태가 된다. 그러나 분자구조 내에 탄소 간 이중결합이 있는 불포화지방산이 많을 경우 식물성 기름처럼 액체 상태가 된다. 불포화지방은 상온에 오래 방치할 경우 공기 중의 산소와 쉽게 결합해 분해되거나 중합되면서 맛도 변질되고 나쁜 냄새가 나 못 먹게 된다. 식물성 불포화지방은 뇌의 주요 성분이고 세포막의 구조를 이루어 영양가가 높지만 대부분 우리 몸에서 합성되지 않아 따로 섭취해야 하고, 쉽게 산화되는 단점이 있다. 이렇게 산화를 방지하기 위해 높은 압력으로 불포화지방에 수소를 더 첨가해 굳힌 기름이 바로 마가린이다. 그런데 일부 불포화지방이 수소 첨가가 안 된 채 불포화 상태로 남게 되는데 이것이 에너지를 받아 이중결합이 자연스러운 시스형에서 자연계에서는 볼 수 없는 트랜스형으로 바뀐 것이다. 분자량은 변하지 않고 이중결합에 붙은 가지 하나가 180도 돌아 격자형에서 평행형의 트랜스 형태로 변한 것이다. 처음 마가린이 만들어졌을 때 사람들은 건강에 좋은 식물성으로 만들었으면서도 동물성 기름과 비슷한 고체형태가 되므로 버터 대용으로 널리 사용했다.

트랜스지방은 세포막을 딱딱하게 만들어 혈관을 굳게 하고 혈압을 높인다. 그뿐만 아니라 나쁜 콜레스테롤(LDL)을 증가시키고 좋은 콜레스테롤을 감소시켜 심장병과 동맥경화를 유발한다. 보통 동물성 지방보다 2배는 더 해롭다고 평가되고 있다. 영국의 한 의학지에 따르면 트랜스지방 섭취가 2퍼센트 상승하면 심장병 발생 위험이 25퍼센트 증가하고, 당뇨병 발생 위험이 40퍼센트 증가한다고 한다. 또한 트랜스지방은 간암, 유방암, 위암, 대장암, 당뇨병의 발생과 관련이 있고 노화를 촉진한다. 더구나 미국 FDA는 식품제조업체가 마가린에서 이 지방을 제거하고 구운 식품의 트랜스지방 함량을 3퍼센트 이하로 낮추면 미국에서 매년 5,000명을 살릴 수 있다는 구체적인 수치까지 제시했다. 세계보건기구는 하루에 섭취하는 열량 중 트랜스지방에 의한 열량이 1퍼센트를 넘지 않도록 권고했다. 그러므로 하루 2.2그램 이상을 넘지 않아야 한다. 그러나 한국인은 하루 평균 2.6그램을 먹는데, 특히 패스트푸드를 즐겨먹는 여고생의 섭취량이 가장 많다.

식품의약품안전청의 조사에 따르면 음식 100그램당 트랜스지방 함량은 도넛이 4.7그램, 감자튀김이 2.9그램, 프라이드치킨이 0.9그램으로 햄버거(0.4그램)나 피자(0.4그램)보다 높다. 전자레인지용 팝콘 100그램에는 약 20그램이 넘는 트랜스지방이 들어 있다.

그런데 요즘 주부들은 단지 아이들이 좋아한다는 이유만으로 그저 기름으로 튀기는 것이 만능 요리법인 줄 안다. 그런데 문제는 기름에 튀긴 음식에 길들여진 아이들이 좋아하는 음식이 대체로 패스트푸드라는 사실이다. 집에서는 주로 식용유를 쓰지만 패스트푸드점에서는 쇼트닝을 함께 사용하므로 더 해롭다. 트랜스지방의 섭취를 줄이려면 고소하고 바삭바삭한 맛이 조금 떨어지는 것을 감수해야 한다. 최근 식품의약품안전청의 권고를 받아들이는 반고체 기름 제조회사들은 트랜스지방 함량이 5퍼센트 미만인 기름을 식품제조업체에 공급하고 있다. 그러나 이 기준은 식약청의 권고사항에 불과하기 때문에 시중에는 트랜스지방 함량이 30~40퍼센트인 기름도 유통되고 있다.

트랜스지방을 덜 섭취하려면 식품 라벨에 표시된 트랜스지방 함량을 꼼꼼히 살펴야 한다. 1회 섭취 분량에 트랜스지방 함량이 0.5g 이상 든 식품이라면 일단 기피 대상이다. 마가린이나 쇼트닝을 쓴 제품의 트랜스지방은 12그램이 넘게 나오지만, 기름을 거의 쓰지 않거나 좋은 기름을 쓴 제품은 1그램도 안 된다. 패스트푸드점에서도 무슨 기름을 쓰냐고 직접 물어보는 것이 좋다. 집에서 튀김 요리를 할 때는 쇼트닝보다 콩기름 등의 식물성 식용유를 쓰는 것이 좋고 토스트나 볶음밥을 만들 때도 마가린 사용을 줄여야 한다.

트랜스지방이 들어간 음식을 습관적으로 많이 섭취할 경우 비만을 피할 수 없다. 특히 아동 및 청소년 시기의 비만이 문제가 되는 이유는 성인이 되어서도 비만으로 이어질 가능성이 약 80퍼센트나 되기 때문이다. 또한 고혈압, 고지혈증, 지방간, 당뇨병 같은 성인질환들이 소아기에도 나타날 수 있기 때문이다. 비만은 당뇨병 유발, 외모에 대한 열등감, 운동능력 저하 등으로 점차 성격이 소극적으로 변하고, 사회성 발달을 저해한다. 전문의들은 "패스트푸드는 변을 만들어내는 섬유소가 매우 적고, 주성분인 단백질이나 지방은 대부분 장에서 소화가 되기 때문에 장내에 변이 오래 머물다보면 변이 딱딱해지면서 변비를 유발하게 된다."고 설명한다. 또한 최근 대장암 같은 대장 질환이 급증하는 것도 정크푸드 산업의 급성장과 무관하지 않다고 주장한다.

패스트푸드는 이렇게 많은 문제를 가지고 있지만, 우리나라는 물론 미국을 비롯한 선진국에서도 패스트푸드 업체 가운데 메뉴판이나 포장지에 햄버거에 포함된 지방, 탄수화물, 단백질의 성분 비율과 칼로리를 표기하고 있는 곳이 드물다. 1일 권장량이나 기준량을 기준으로 패스트푸드점의 시판 메뉴를 따져보면 열량은 최대 50퍼센트, 지방은 64퍼센트, 나트륨은 54퍼센트나 함유한 것으로 나타났다.

1일 권장량의 54퍼센트나 차지하는 염분, 즉 나트륨은 우리 몸 안에서 세포기능을 유지하는 중요한 영양소다. 그러나 우리나라 음식의 특성상 나트륨이 부족한 경우는 거의 없으며, 오히려 지나친 섭취를 제한할 필요가 있다. 햄버거 세트와 치킨 세트 모두 나트륨 함량은 1일 나트륨 섭취 기준량인 3,500밀리그램과 비교할 경우 19~54퍼센트를 차지한다. 나트륨의 지나친 섭취로 인한 당뇨, 고혈압, 고지혈증 등 성인에게 주로 나타나는 대사 이상 증후군이 어린이에게도 심심찮게 보이는 이유가 바로 여기에 있다.

반면 패스트푸드에는 몸에 꼭 필요한 비타민과 무기질은 부족해 햄버거를 소화시키는 도중 체내의 비타민을 소모하게 되고, 이로 인해 입맛이 없어지며 불안, 초조, 두통이 생길 수 있다. 함께 먹는 콜라 등 청량음료에는 인(P)이 많아 칼슘 흡수까지 방해한다. 칼슘 등 무기질이 부족하면 신경이 예민해지고 성격이 급해진다는 연구 결과도 있다.

또한 대체로 값싼 재료를 이용하는 패스트푸드는 점차 그 유통 범위가 확대되면서 식품의 신선도와 품질을 유지하고 맛과 모양을 내기 위해 여러 가지 식품첨가물을 함유하고 대체로 값싼 재료를 이용한다.

이처럼 우리의 식생활이 패스트푸드와 농약과 각종 첨가물로 범벅된 먹을거리라는 사실은 두렵기까지 하다. 그러나 더 중요한 문제는 우리의 일상적인 식습관 자체가 마치 패스트푸드를 모방하는 것처럼 변화하고 있다는 사실이다. 한 사람이 먹는 양은 하루 약 1킬로그램으로 지난 20년 동안 양적인 변화는 없었던 반면 육류와 어패류의 소비는 3배 이상, 달걀은 2배, 특히 우유와 동물성지방 섭취는 약 10배 이상 증가했다. 소아 비만이 급증하고 아토피성 피부염, 충치 발병률, 아동 정서불안, 대장암 등의 발생이 늘어났다. 이런 여러 문제들의 해결을 위해서는 식습관을 변화시켜야 한다. 아동·청소년의 식습관에 변화를 주기 위한 식사지도는 성인보다 더 어려운데, 어린이는 육체나 뇌 발달이 한창 진행되고 있고 성인처럼 먹는 양을 조절하기가 쉽지 않기 때문이다.

모든 병의 근원은 식생활에 있다. 건강한 생활을 위해서는 스트레스가 없어야 하고, 규칙적인 운동도 필수적이다. 그러나 가장 중요한 것은 역시 먹을거리다. 음식은 우리의 몸을 만들고 몸을 움직이는 데 가장 기본적인 것이기 때문이다. 성장기 동안 잘못 먹어서 기초공사가 부실하게 되면, 그 아이는 평생 동안 보수공사만 하면서 살아야 한다. 그러므로 성장기의 건강, 즉 무엇을 먹는가는 굉장히 중요한 문제다.

성장기의 영양과 건강이 얼마나 중요한가를 잘 보여주는 실험이 있다. 어떤 쥐에게 계속 인스턴트 가공식품을 먹였고, 다른 쥐에게는 계속 자연식만 먹이는 것이다. 또 다른 쥐에게 성장기 전에는 인스턴트 가공식품을, 성장 후에는 자연식을 먹였다. 반대로 또 다른 쥐에게 성장기 전에는 자연식을 먹이고 성장기 이후에는 인스턴트 가공식품을 먹였다. 그리고 그 쥐들의 수명을 살펴보았다. 어떤 쥐가 가장 건강했을까? 물론 계속 자연식만 먹은 쥐가 가장 수명이 높았고, 성장기 동안 자연식을 한 쥐는 이후에 인스턴트식품을 먹였지만, 그 반대의 경우보다 건강상의 피해가 덜하다는 결과가 나왔다.

마트에 진열된 거의 모든 식품에는 한 종류 이상의 화학첨가물이 들어 있다. 하루에 1~2가지만 먹는다고 가정하더라도 하루 동안, 아니 1년, 평생을 통해 얼마나 엄청난 양의 화학첨가물을 먹게 될까? 현재 한국에서 식품첨가물로 허가되어 있는 품목은 화학적 합성품 370여 종, 천연첨가물 50여 종인데, 보존료, 살균제, 산화방지제, 착색제, 발색제, 표백제, 조미료, 감미료, 향료, 유화제 등이 대표적이다. 식품첨가물은 이제는 보편화되어 일반인이 하루에 섭취하는 식품첨가물만 90~100가지나 된다. 양으로 따지면 하루에 10g 이상, 연간 4kg 정도를 섭취하는 셈이다. 수명을 80살로 보면, 약 300kg이 넘는 식품첨가물을 섭취해 평생 자신의 몸무게의 몇 배에 해당하는 식품첨가물을 먹게 되는 것이다. 식품을 고를 때는 조금 수고스럽더라도 성분 표시를 찬찬히 살펴보고 같은 종류의 상품 가운데 첨가물이 덜 들어 있는 것을 찾아내야 한다. 그리고 집에서만이라도 인스턴트 음식은 피해야 하며 식재료를 가능한 한 유기농 작물로 써야 한다.

우리는 밥상을 제대로 차려야 한다. 도정·정제·가공·조작된 식품을 피하는 밥상이 좋은 밥상이다. 흰쌀, 흰 밀가루, 흰 설탕, 흰 소금, 조미료를 주방에서 퇴출시켜야 한다. 요즘은 조미료가 안 좋다고 하니까 천연 소재에서 천연의 맛을 내는 것처럼 포장한 조미료가 쏟아져 나오고 있다. 하지만 그럴듯한 포장 속에는 여전히 화학조미료가 함유되어 있다. 다행스럽게도 많은 주부들이 흰 소금 대신 천일염이나 구운 소금, 볶은 소금을 쓰고 있으며, 흰 설탕 대신 황설탕이나 물엿, 조청을 쓰고 있다. 그런데 아직까지 흰 쌀밥과 흰 밀가루는 버리지 못하고 있다. 먹기 편하고 부드럽기 때문이다. 흰쌀을 도정하지 않은 것이 현미며, 흰 밀가루를 도정하지 않은 것이 통밀이다. 현미와 통밀은 껄끄럽고, 씹기 어렵고, 소화도 잘 안 되는 것 같다. 그래서 사람들이 모든 음식에서 껍질을 벗겨내기 시작했고 지금은 씨눈까지 없어진 곡식을 먹게 되었다. 우리가 어릴 때는 씨눈 떨어진다고 쌀 빡빡 씻으면 안 된다고 했는데, 지금은 떨어질 씨눈도 없다. 그런데 쌀의 영양은 현미 씨눈에 66퍼센트, 현미 껍질에 29퍼센트가 들어 있다. 우리가 지금 먹고 있는 것은 이 씨눈과 껍질이 완전히 제거된 녹말가루 부분, 전분질이다. 녹말은 먹기 편하고 부드럽고 빨리 소화가 되어서 좋다고 생각했기 때문에 계속 도정을 한 것이다. 그래서 도정율이 10분도, 12분도까지 늘어나게 된 것이다. 이렇게 도정하면서 손실되는 식량을 금액으로 환산하면 연간 9,600억에 달한다고 한다. 엄청난 식량 낭비가 아닐 수 없다. 더 큰 문제는 전분질을 먹는 것은 곧장 과식과 연결된다는 점이다. 현미식을 하면 절대 살이 안 찐다. 자연적으로 소식할 수 있기 때문이다.

옥수수 먹인 비만 소의 고기를 먹으면 사람도 비만이 된다

　미국의 넓은 땅에서 생산되는 옥수수는 대부분 제초제 내성 GMO 작물로 기계와 화학비료로 값싸게 대량생산되며 주로 가축사료로 이용된다. 사료에 이 옥수수를 쓰면 가축은 살이 빨리 찌고 지방 함량이 급증하며 맛이 좋아진다. 이것은 옥수수에 오메가-6 지방산이 다른 작물에 비해 유독 많기 때문이다. 오메가-6 지방산과 오메가-3 지방산은 동물의 몸에서는 만들어지지 않아 식물로부터 섭취해야 하므로 필수지방산이라고 부른다. 식물의 잎에는 오메가-3 지방산이, 씨앗에는 오메가-6 지방산이 많이 들어 있는데, 옥수수의 오메가-6 지방산과 오메가-3 지방산의 구성 비율은 66:1로 오메가-6 지방산 함량이 매우 높다.

　필수지방산은 주로 세포막에서 물질의 흡수와 배출에 관여하는데 오메가-6 지방산은 지방을 축적하고, 오메가-3 지방산은 지방을 분해하는 일을 한다. 또한 체내에 오메가-6 지방산이 너무 많으면 지방세포가 증식하고 염증 반응을 일으켜 다양한 질환의 원인이 된다. 건강한 사람의 오메가-6 지방산과 오메가-3 지방산의 비율은 대략 10:1 정도인데, 비만인 사람의 비율은 50:1, 고도비만인 사람의 비율은 120:1까지 높아 불균형이 심각하다.

　비만의 주범인 오메가-6 지방산이 바로 옥수수 사료를 섭취하는 미국 소에 많이 쌓인다. 풀을 먹인 소는 오메가-6 지방산과 오메가-3 지방산의 비율이 4:1로 매우 안정적인데 반해 옥수수 사료를 먹인 미국산 쇠고기는 무려 108:1이다. 한우도 미국에서 들여온 옥수수로 만든 사료를 먹이니 맛이 비슷하고 건강에도 당연히 해롭다. 우유는 물론 버터도 영향을 받는다. 따라서 풀을 먹은 소에서 짜낸 우유를 먹어야 오메가-6 지방산을 적게 섭취해 비만을 예방할 수 있다. 주로 풀을 먹여 키우는 유기농 목축으로 생산된 육류제품을 먹자.

맛있는 생선 속 다이옥신

20여 년 전 독일 유학시절, 한 베트남 학생이 한국 군인들이 베트남인들에게 저질렀던 충격적인 만행을 들려주었다. 그러나 참전용사들의 고통도 크다. 아직도 고엽제 후유증으로 고생하는 사람이 5,000여 명에 이른다. 미군이 오랫동안 비밀에 부쳤기 때문에 고엽제 환자들은 원인도 치료법도 모른 채 고통받고 살아왔다. 원인물질은 바로 고엽제 속에 미량 포함된 다이옥신이라는 환경호르몬이다. 고엽제란 베트남전에서 사용되었던 맹독성 제초제로 정글이 적의 은신처가 되는 것을 막기 위해 미군이 정글지역에 무차별 살포한 것이다. 이때 주로 사용된 제초제는 노란색 드럼통에 담겨 있어서 에이전트 오렌지라고 불렀다. 에이전트 오렌지는 2,4,5-T와 2,4-D라는 제초제를 섞어서 만들었으며, 이 속에 불순물로 들어 있던 다이옥신의 하나인 테트라클로로 디벤조파라다이옥신(TCDD)가 바로 고엽제 문제를 일으킨 원인물질이다. 다이옥신은 청산가리보다 1만 배 이상이나 독성이 강해 1그램만으로도 성인 1만 명 이상을 죽일 수 있다고 한다.

특별한 경우를 제외하고는 다이옥신의 90퍼센트 이상이 음식물 섭취를 통해 인체에 쌓인다. 다이옥신은 벤젠 2개가 2개의 산소에 의해 연결된 몸체에 여러 개의 염소 원자가 결합된 'PCDD (Polychlorinated Dibenzodioxins)'라는 화합물들을 말한다. 이 물질은 뜨거운 온도에서 유기물이 연소되면서 중간화합물로 만들어진다. 소각장에서는 주로 종이수건, 커피필터, 일회용 기저귀나 생리대, PVC 등을 태울 때 생성되며 산불이나 화산이 폭발하는 경우에도 자연적으로 만들어진다. 75가지의 PCDD 중에 7가지는 생물체에 축적되면 돌연변이와 암을 일으키고 기형아를 출산하는 원인이 된다. 다이옥신은 잔류성이 강하고 먼 거리를 이동하며 독성이 매우 강한 물질이다. 1872년에 다이옥신이 처음으로 화학적으로 합성되었는데 산업적으로 쓸 만한 용도가 없어 일부러 만드는 사람은 없었다. 그러나 제2차 세계대전 후 화학공장이 수없이 생기고 인구가 늘어나고 에너지 소비가 크게 증가하면서 자연으로 배출되는 다이옥신의 양도 엄청나게 늘어났다. 벤젠과 염소가 들어 있는 물질을 태우면 다이옥신이 만들어지기 때문이다. 쓰레기 소각장에서 생긴 다이옥신은 공기 중으로 날아가 주변의 토양 등 생태계에 축적되고, 먹이사슬을 거쳐 사람에게 다시 돌아와 피해를 준다. 특히 지방 함유량이 많은 음식물에 녹아 있다가 차차 지방이 분해되면서 부작용이 나타난다. 다이옥신의 80퍼센트는 쓰레기, 경유(디젤), 석탄, 목재를 태우는 과정에서 발생한다. 우리 모두가 비록 소량이라도 다이옥신을 배출시키는 주범이다.

다이옥신은 피부병, 미각과 후각 상실, 우울증과 분노, 유전자 변화, 간 손상, 면역과 신경계통의 기능저하를 가져온다. 베트남 참전용사들은 고엽제 후유증으로 몸이 썩어들어가고 사지마비, 전신통증, 정신질환에 기형아까지 낳는 고통을 받고 있다. 미국 사회에서 고엽제가 크게 사회문제화되어 세계에 알려진 것은 파월 참전부모에게서 생겨난 기형아의 출산 때문이었다. 베트남에서도 허리 아랫부분이 한 몸인 베도, 토크 쌍둥이 형제가 태어나 세계에 큰 충격을 주었다. 참전용사들 중 그동안 전상 후유증으로 자살한 사람만 18명에 이른다. 그들에게 월남전은 아직도 끝나지 않은 전쟁이다.

전 해양수산부의 보고서 '수산물의 내분비계 장애물질 오염 실태조사'(2006년 12월)에 따르면 우리나라 국민이 가장 많이 섭취하는 수산물 35종의 다이옥신류, 즉 다이옥신계, 퓨란계, 다이옥신계 PCBs(Dioxin-like PCBs) 오염도를 조사한 결과, 대부분의 수산물에서 다이옥신 잔류 농도가 높게 나타났다. 갈치 4.625피코그램, 눈볼대(눈이 큰 빨간 농어) 4.597피코그램, 참치 4.214피코그램, 갯장어

4.130피코그램의 순서로 4종이 한국 식품의약품안전청과 세계보건 기구의 1일 섭취 허용량인 4피코그램을 초과하고 있다. 이밖에 청어, 고등어, 삼치, 참조기, 꽁치, 도루묵, 전갱이의 순서로 1~3피코그램 사이의 상대적으로 높은 다이옥신류 오염도를 보이고 있다. 특히 갈치의 경우 최근 몇 년 동안 다이옥신 농도가 10배 이상 증가해서 매우 빠른 속도로 급증하고 있다.

이렇게 생선이 오염된 것은 다이옥신이 많이 들어 있는 분진이 바람을 타고 바다에 축적됐기 때문이라고 한다. 그러나 주된 원인은 그동안 무분별하게 이루어졌던 폐기물 소각과 해양투기에 있을 것이다. 2006년 한 해 동안 바다에 버려진 쓰레기가 무려 880만 톤을 넘는다. 전국 10여 개 항구에서 폐기물들을 실은 전용선박이 서해와 동해에 쏟아부은 양은 881만 1,570세제곱미터다. 이는 5톤 트럭으로 176만 대가 바다에 인분, 축산분뇨, 음식쓰레기 그리고 공장폐수들을 내다버린 양이다. 1년 365일 동안 하루도 쉬지 않고 매일 폐기물을 가득 실은 5톤 트럭 4,828대가 바다에 육상폐기물을 쏟아부은 셈이다. 오랜 동안 쓰레기를 버린 울산 남동쪽과 군산 서쪽 지역 어장의 토양은 중금속에 오염되었다. 국토해양부에서 발표한 '폐기물 투기 해역 표층퇴적물 2000~2010년 중금속 평균 농도 조사'를 보면, 이 지역 수은 농도가 인근 대조 해역에 비해 2배 이상 높게 나타났다. 2005년에는 이곳에서 머리카락과 음식물쓰레기에 흡착된 붉은 대게가 잡혀 문제가 되기도 했다.

쓰레기 해상 투기를 규제하는 런던협약 가입국 26개국 가운데 한국은 유일하게 아직도 쓰레기를 바다에 버리고 있다. 2012년에는 하수 슬러지(찌꺼기)와 가축 분뇨, 2013년에는 음식물쓰레기 해양 투기를 중단한다고 발표했지만, 육상처리시설이 부족해 약속이 지켜질지 의문이다. 국제환경단체인 그린피스의 선박인 레인보우 워리어호가 해양 투기선 앞에서 항의시위를 계획하고 있어 국제문제로 비화될 것으로 보인다.

GMO와 인류 식량문제

몇 해 전부터 기상이변으로 국제시장에서 곡물 값이 폭등하자 유전자조작 곡물회사들의 목소리가 커지기 시작했다. 이들이 만든 생물을 GMO(Genetically Modified Organism)라 부르는데 유전자변형 기법으로 생산된 유기체로서 생식이나 번식이 가능하지 않는 식물을 지칭하는 용어이다. 요즘은 LMO(Living Modified Organism)란 용어도 유전자변형생물체로서 생식이나 번식이 가능한 것을 의미하는데 대개 같은 의미로 쓰인다.

자연을 파괴하고 조작해 이익을 취해 온 수많은 인간의 행태들 중에서도 바로 GMO가 상징적인 의미를 갖고 있다. GMO란 자연에는 존재하지 않는 생물들로 사람들이 다른 생물에서 잘라낸 또는 인위

(단위 : 백만㏊)

구분	1996	2001	2003	2005	2007	2009
콩	0.5	33.3	41.4	54.4	58.6	69.2
옥수수	0.3	9.8	15.5	21.2	35.2	41.7
목화	0.8	6.8	7.2	9.8	15.0	16.1
카롤라	0.1	2.7	3.6	4.6	5.5	6.4
계	1.7	52.6	67.7	90.0	114.3	134.0

주요 GMO 농산물의 전 세계 연도별 재배면적

적으로 만들고 인공적으로 주입한 유전자를 갖고 있다. GMO 농산물은 주로 몬산토나 노바디스, 칼젠 등 다국적 기업들이 개발해 전 세계에 독점적으로 공급하고 있으며, 이상기후시대에 식량 부족을 극복하기 위한 대안으로 선전되고 있다. 유럽에서 촉발된 유해성 논란으로 국제문제로 비화되기도 했지만 여전히 경작지는 빠른 속도로 전 세계로 퍼지고 있다.

한국과학기술기획평가원(KISTEP) 발표에 따르면 GMO 농산물의 총재배면적은 1996년 처음으로 재배되기 시작한 이후 지속적으로 증가해 2009년엔 세계 25개국에서 재배하며 1억 3,400㏊에 달해 전 세계 농경지의 10퍼센트 정도를 구성하며, 미국 농경지 중엔 40퍼센트나 차지한다. 미국이 6,400만㏊, 브라질이 2,100만㏊, 아르헨티나가 2,100만㏊로 전 세계 GMO 농산물 재배면적에 79퍼센트(1억 600만㏊)를 차지하고 있다. 이중 콩이 가장 많이 재배되고 있으며 재배면적은 2009년 기준 6,900만ha, 옥수수 4,170만ha, 목화 1,610만ha, 카놀라 640만ha 순으로 집계됐고, 세계 GMO 농산물 총재배면적의 99.6퍼센트를 차지하고 있다. GMO 콩은 대부분 식용유를 추출하는데 사용하고 있으며, 남은 대두박은 가축 사료로 활용된다. GMO 옥수수도 대부분 사료용으로 생산된다. 현재 한국은 세계에서 GMO 농산물을 세 번째로 많이 수입하는 국가로 2008년 기준 식용 GMO 콩 93만 톤(5억 2,500만 달러)을 수입했으며, 수입국은 주로 미국이다. 이처럼 GMO 콩을 대량으로 수입하는 것은 가격이 워낙 싸기 때문이다. 국내에서 GMO 콩을 수입하지 않고 일반 작물로만 수입할 경우 2008년 기준 약 2억 달러의 추가 수입비용이 발생한다.

우리가 먹는 식용유는 대부분 GMO 콩에서 추출된 것인데 대표적인 특성이 바로 제초제 내성이다. 제초제를 뿌리면 풀들은 죄다 죽지만 콩은 살아남는다. 나도 여름 내내 콩밭을 매보았지만 칠갑산 노래 가사에 나오듯이 김을 매는 일이 베적삼을 흠뻑 적실 정도로 정말 힘든 일이다. 결국 콩밭은 부지런한 사람이 적어도 2, 3일에 한 번은 나가서 김을 매주거나 아니면 제초제를 뿌려야만 지탱할 수 있다. 그러니 농민들은 당연히 제초제를 선택할 수밖에 없다. 미국은 수십만 평의 밭에 콩만 심으므로 농약을 아예 비행기로 뿌리는데 손으로 직접 뿌리는 것보다 적게는 2배에서 많게는 10배까지 많은 농약이 콩에 들어간다. 글리포세이트 계열의 이 제초제는 뿌리까지 말려 죽여 우리나라에서는 근사미라고 불리며, 현재 만들어진 제초제 가운데 가장 독한 종류인 전멸제초제다. 이 제초제는 농작물까지 죽게 만드는 부작용이 있는데 제초제내성 GMO 콩은 바로 이 독한 제초제에도 죽지 않고 잘 살아 남는다. 이런 콩들은 라운드업, 리버티 등 다양한 상품명으로 팔리는데 한 번만 뿌려도 잡초들은 다 사라지고 콩만 살기 때문에 농사일이 너무나 수월하게 된다. 그런데 더욱 놀라운 것은 바로 이 GMO 콩이 글리포세이트계열의 제초제를 팔고 있는 회사들이 판매하는 제초제에만 효과가 있도록 만들어졌다는 사실이다. 이 때문에 농민들은 종자는 물론 제초제까지 함께 사야하고 종자를 파는 회사들은 이중으로 이익을 남기게 된다.

한편, 콩 외에 많이 재배되는 옥수수, 목화, 유채 등의 GMO는 살충단백질성분이 있어 해충이 먹으면 죽는다. 토양세균인 고초균의 일종인 BT균(Bacillus Thuringiensis)은 특정 벌레를 죽이는 독소를 가지고 있다. 이 균에서 독소를 발현시키는 유전자만을 뽑아내어 그것을 옥수수 등에 집어넣으면 바로 살충력이 있는 GMO가 만들어진다. BT균은 강한 산성인 위액 속에서도 증식할 수 있어 벌레의 위벽에 구멍을 뚫어 소화를 방해하고 몸속으로 퍼져 결국 벌레를 죽인다. BT균의 이 성질 덕분에 유기농가에서도 화학농약 대신 미생물 농약을 사용한다. 유전자 변형 종자회사들이 이를 빙자해 살충력이 있는 GMO도 안전하다고 광고하지만 이것이 유기농이 될 수는 없다. 유기농가에서는 이 균을 바로 벌레에 살포하여 벌레에게 직접적으로 영향을 미치게 할 뿐 농작물에는 전혀 영향을 끼치지 않기 때문이다. 그러나 세균에서 뽑아낸 살충유전자를 부자연스럽게 옥수수 속에 삽입했으므로 옥수수에게 앞으로 어떤 영향을 미칠지 아무도 모른다. 더구나 이 살충성분 유전자를 사람들도 지속적으로 먹게 되므로 사람 몸에 쌓여서 어떤 문제를 발생시킬지 모른다. 살충력 있는 GMO 면화를 많이 재배하는 인도에서는 목화솜과 씨를 수확하고 나면 밭에 남은 줄기나 잎, 뿌리를 집에서 기르는 양이나 염소에게 먹인다. 그런데 몇 년 지나니 양이나 염소가 대량으로 괴사하는 현상이 발생해 논란이 되었다. 유전자 변형 종자 회사들은 이 옥수수가 해충만 죽인다고 주장하지만 다른 익충들의 수명을 단축시키거나 해를 끼친 것도 발견되고 있다. 「네이처」지에 모나크 나비의 유충이 GMO 옥수수의 꽃가루를 먹고 죽었다는 기사가 게재된 후 유럽연합이나 일본 등지에서 유전자 조작 식품 반대운동이 확산되었다. 우리나라에서는 2001년 3월부터 '농수산물 품질관리법'에 의해 콩, 옥수수, 콩나물, 감자 등에 대한 '유전자 변형 농산물 표시제'를 시행하고 있다.

아인슈타인은 꿀벌이 멸종되면 인류를 포함한 지구 생태계가 4년을 지탱하기 힘들다는 유명한 말을 했다. 이유는 꿀벌이 사라지면

화분의 이동이 안 되므로 식물들이 꽃을 피울 수 없어 인류의 식량 위기로 연결될 수 있기 때문이다. 그런데 몇 년 전부터 전 세계적으로 꿀벌들이 크게 줄어들고 있다는 소식이 들려오고 있다. 유럽은 물론 미국과 우리나라도 보통 20~30퍼센트가 줄어들었고 미동부나 텍사스의 심한 곳은 80퍼센트 이상 전멸한 곳도 있다. 과학자들이 벌들이 사라진 벌집을 연구해보니 바이러스와 균류에 감염된 상태였는데 이는 벌들의 면역체계가 파괴된 것을 의미한다. 벌레를 죽이는 살충유전자를 갖는 식물들이 늘어나면서 익충까지 죽일 수 있다는 사실을 보여주는 사례라고 생각된다. 또한 2001년부터 2004년 사이에 실행된 한 연구에 따르면 BT옥수수의 꽃가루를 먹은 벌 중 건강한 벌은 이상이 없는데 기생충에 감염된 벌들이 대량 몰살되었다는 충격적인 연구 결과가 나왔다.

꿀 10g에는 꽃가루 2~8만 개가 들어있는데 유전자 조작 농작물에서 생긴 단백질이나 독소도 포함되어있을 것이다. 따라서 꿀을 먹으면 이 살충유전자가 사람의 몸속에 사는 대장균 같은 박테리아에 들어가 영향을 줄 수도 있고, 식물이 자라는 주변의 야생식물은 물론 이를 먹고사는 곤충에게까지 영향을 미칠 수 있다. 꿀벌들은 보통 벌집에서 2~5km 반경을 날아다니며 꽃에서 당분을 채집하며 꽃가루를 옮겨주므로 유기농작물에도 유전자 조작 화분이 섞일 수 있어 안심할 수 없다. 실재로 곤충을 매개로 꽃가루 수정이 이루어지는 작물이 우리 식생활의 3분의 1을 차지하며 이들 가운데 80퍼센트가 꿀벌이다.

　자연계에서 생물들은 수천만 년 동안 유전자가 종과 종 사이의 벽을 뛰어넘을 수 없도록 스스로 제한함으로써 생태계의 건강을 유지해왔다. 이에 반해 유전자 조작 식품들은 원하는 형질을 갖고 있는 미생물이나 동식물의 유전자를 잘라내 종을 뛰어넘어 인위적으로 생물의 세포내에 주입해 만든 자연에서는 탄생이 불가능한 새로운 창조물이다. 이렇게 자연적인 교잡이나 교배 등의 생식과정을 거치지 않고 탄생해서 프랑켄슈타인 푸드(괴물식품)라고도 불린다. 이 괴물을 만드는 기술은 1973년에 미국 과학자인 코헨과 보이어가 포도상구균의 유전자를 대장균에 삽입하면서 시작되었다. 1980년대에 들어서서 유전자 조작 식품연구가 가속화되더니 드디어 1994년에 칼젠사의 무르지 않는 토마토가 처음 개발되어 상품화되었다. 이 토마토는 껍질이 딱딱하고 잘 무르지 않아 저장 기간이 길어졌으나 상품화에는 실패했다. 1995년에 미국의 몬산토사가 'Round-up Ready' 콩을 개발하고 스위스의 노바티스사가 BT옥수수를 개발해 FDA(미국 식품의약품안정청)와 유럽연합의 안전성 검사를 통과해 판매가 허가되었다. 미국의 농무부는 1987년 이후 48종의 GMO 농산물 재배실험을 시작해 1994년엔 옥수수, 콩, 감자, 호박, 밀 등을 FDA의 승인을 통과해 상품화했다. 현재 몬산토, 노파티스, 칼젠 등 다국적 종자회사들이 GMO 신제품개발에 가장 적극적이며 맥도널드. 코카콜라, 네슬레, 다농 등 세계유명 식품 회사들은 이미 이들을 식품 제조에 이용하고 있다.

2010년 현재 개발된 GMO 농산물은 총 31건으로, 주로 백신, 의약품, 콜라겐 등 기능성 물질생산이 주목적이었다. 요즘엔 사탕수수의 당 함량을 높이거나 꽃의 향기가 오랫동안 지속되는 종자, 가뭄에도 잘 자라는 애기장대 종자가 각각 개발 중에 있다. 또한 우유에 함유된 면역단백질인 락토페린이 들어있는 쌀, 콜라겐을 생산할 수 있는 담배, 염분저항성 밀 등도 연구되고 있다.

국내에서는 2001년부터 농업진흥청이 '바이오그린 21사업'을 추진한 이후 2009년 현재 18개 작물에서 총 88종의 GMO 작물을 개발 중으로 벼 3종, 고추, 감자, 배추 각각 1종 등 총 6종에 대한 안전성 평가가 진행되고 있다. 요즘 세계적으로 관심을 집중하고 있는 GMO 연구로는 내재해성, 내병성, 제초제저항성, 내염성 등 농업과 관련된 특성이 많다.

현재 우리나라에서 유통되는 유전자 조작 식품은 주로 콩과 옥수수 전분을 이용한 식품이다. 식용유, 두부, 된장, 간장, 고추장, 청국장, 콩나물, 두유, 마가린 등 주로 콩으로 만든 식품이 대부분이며, 수입 콩은 말할 것도 없고 국내에서 생산되는 콩 역시 3분의 2 이상이 유전자 조작 품종이다. 수입 옥수수를 원료로 전분을 만든 뒤 다시 가공한 냉면, 당면, 물엿, 올리고당 등도 마찬가지다. 선진국 중에서 유전자 조작 식품이 자유롭게 유통되는 나라는 미국과 호주뿐이다. 그러나 유럽에서는 유전자 조작 식품이 거의 추방되어 1퍼센트라도 재료에 함유되어 있으면 표시하도록 의무화되어 있고, 일본에서도 유전자 조작 사용여부를 모든 식품에 표시하고 있다.

유전자 조작 생물은 종종 핵물질과 같은 피해를 줄 수 있다고 비유된다. 값싸게 생산할 수 있으나 자연에는 불가능한 생물학적 특징의 대규모 발현으로 어떤 해악을 몰고 올지 모른다. 더구나 현재까지 수확이 크게 늘어났다는 증거도 없다.

광우병 쇠고기

어린 시절 집에 외양간에서 누런 황소를 키웠다. 봄, 여름엔 소에게 풀을 먹이기 위해 어린 동생을 소 등에 태우고 한강 둑에 가서 실컷 풀을 뜯게 한 후 아카시아 나무에 매어 놓았다. 그러면 소는 앉아서 되새김질을 하고 우리는 쇠똥을 뒤져 쇠똥구리를 잡아 가지고 놀았다. 이놈은 소의 똥을 작은 탁구공처럼 만들어 굴려 집에 가져가서 새끼들을 먹이고 사는데 모양이 투구를 쓴 집게벌레와 비슷해 아이들에게 인기가 좋았다. 겨울에는 볏짚을 작두로 썰어 가마솥에 분겨와 함께 삶아주었는데 지금도 먹이를 기다리는 소가 큰 눈망울을 성급하게 굴리는 모습이 생생하다. 소가 새끼를 낳으면 집에 경사가 나지만 웬만큼 큰 다음에는 소시장에 내다 파는데 며칠 동안 여

물도 못 먹고 아파하는 어미 소의 슬픔을 모든 식구들이 함께 겪어야 했다. 지금은 이런 풍경이 다 사라졌지만 소와 관련돼서 예전부터 내려오는 말은 지금도 잊히지 않는다. 소에게 절대로 고기를 먹여서는 안 된다는데 그 이유가 소가 미친다는 것이었다.

21세기에 들어서 인류에게 가장 큰 공포를 안겨준 사건은 광우병과 조류독감이 아닌가 생각된다. 인간의 탐욕이 부른 자연생태계 파괴가 얼마나 끔찍한 결과를 초래하는지 모두 공포에 질린 눈으로 지켜보아야 했기 때문이다. 다행히 다양한 경로를 통해 조치를 취해 많은 사람들이 희생되지는 않았다. 특히 광우병은 자연의 섭리를 무시하고 초식동물에게 고기를, 그것도 소에게 소를 먹였기 때문에 발생한 것이다. 사람으로 따지면 소를 식인종으로 만들어 병이 난 것이다. 소를 좀더 빨리 자라게 만들고 우유를 더 많이 짜내려고, 즉 현대 자본주의의 최고목표인 효율성 제고를 통한 이윤 극대화를 위해 수단과 방법을 가리지 않고 한 짓이다. 결국 천형을 받았다는 비난을 면하기 어렵게 되었다.

위키피디아 자료에 따르면 인간광우병은 2009년 12월까지 영국에서는 170명이 발병해 166명이 사망했으며 기타지역에서는 105명이 발병해 44명이 사망했다. 전세계에서 총 210명이 광우병으로 죽은 셈이다.

공식적으로 발표된 광우병에 걸린 소의 숫자는 영국은 1,100만 마리 중 18만 3,823마리고, 미국은 1억 마리 중 겨우 3마리다. 그런데 유럽에서는 30개월 이상의 소들을 모두 검사하는데 반해 미국에서는 해마다 4천만 마리 정도가 도축되며 광우병 검사소는 겨우 40만 마리에 불과하고 이마저도 축소하려 하고 있다. 영국은 광우병 의심사례에 대해 신고가 의무화되어 있어 모르고 그냥 넘어가는 일이 거의 없다. 반면, 미국에서는 질병관리국이 병원, 의사들의 신고를 의무화하지 않고 있어 광우병이 발병되더라도 모르게 덮으려 한다는 비난을 받고 있다. 즉 인간광우병 수치는 일부거나 혹은 굉장히 낮게 나온 것이다. 이것은 미국축산협회에서 조직적인 로비를 통해 방해를 해왔기 때문으로 그야말로 자본주의 종주국다운 추한 모습을 드러낸 것이다. 더욱이 미국에서는 치매 환자들이 크게 늘고 있는데 몇몇 대학병원에서 조사한 바에 따르면 450만 명의 알츠하이머 환자들 중 13퍼센트가 치매가 아닌 인간광우병을 가지고 있는 것으로 의심하고 있다.

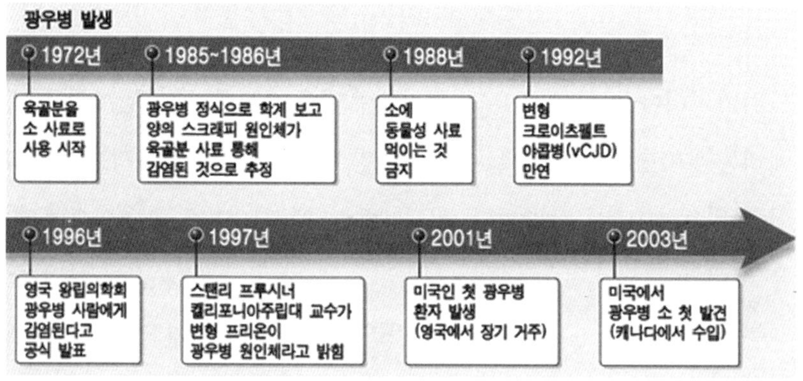

광우병은 말 그대로 소가 미친다는 병으로 소의 뇌가 녹아내려 마치 스펀지처럼 구멍이 뚫려 뇌기능이 마비되면서 죽는 현상으로 의학적 용어는 우해면양뇌증이라고 한다.

1990년대 중반, 노인들에게만 생기던 치매 즉, 크로이츠펠트야콥병 환자가 영국의 젊은 사람들에게서도 나타났다. 1920년대에 처음 밝혀진 이 질환은 광우병처럼 뇌가 파괴되어 숨지는 병으로 주로 노인들에게 우울감과 기억력감소 등 치매증상으로 나타났다가 사망하는 희귀 신경병이다.

'2000년 여름에 증세가 나타나기 시작했습니다. 수학 시간에 컴퍼스로 자기 손을 찌르고, 칼이나 컵, 병으로 가족을 위협하기까지 했습니다. 사춘기로 설명이 되지 않았습니다.' 영국의 인간광우병 사망자 조안나의 어머니, 자넷 깁스 씨는 2006년 11월 한국에 와서 자신의 딸이 겪은 인간광우병의 피해에 대해 담담하게 증언했다.

15살이었던 조안나 깁스는 수영, 승마, 조정 같은 운동도 잘해 건강하고 명랑했다. 조안나는 햄버거를 무척 좋아했는데, 바로 이 햄버거에 사용된 고기가 10년 동안 광우병이 발생한 지역의 소를 이용한 것이다. 조안나는 점점 걷는 게 부자연스러워지다가 이후 말도 잘 못하게 되고, 손까지 말을 안 들으면서 글씨도 못쓸 뿐만 아니라 음식까지 죄다 흘렸다. 그 다음은 다리가 마치 춤추는 것 같이 안절부절 못하는 '무도병'이 나타났다. 병이 시작된 지 1년 만에 치매가 왔고 침대와 의자에서만 살게 되었다. 그리고 숨도 제대로 쉴 수가 없어 인공호흡기로 연명하다가 2003년 1월 1일에 뇌가 멈추며 죽었다. 이것은 광우병이 사람에게 옮겨온 첫 사례로 이것을 변종 크로이츠펠트야콥병이라고 부른다. 일명 인간광우병이다.

병의 원인은 특이하게도 살아 있는 미생물이 아니라 프리온이란 단백질의 한 종류다. 1957년 미국립보건원의 가이듀섹(Carleton Gajdusek) 박사는 파푸아뉴기니 원주민에게 유행하는 풍토병을 조사하던 중에 프리온의 존재를 처음으로 밝혔다. 이곳 원주민에겐 친척이 죽으면 장례 후 은밀하게 무덤을 파내 친지의 뇌를 먹는 식인풍속이 있는데 가이듀섹 박사는 이들의 풍토병이 식인풍속 때문임을 밝혀냈다. 연구를 통해 죽은 사람의 뇌 속에 들어 있는 단백질 입자가 원인이라는 사실을 밝혀내 이 공로로 1976년 노벨 생리의학상을 수상했다.

그러나 프리온을 실제 분리해내고 이들의 생물학적 특성을 구체적으로 밝혀낸 이는 미국 UCSF의대의 스탠리 프루시너(Stanley Prusiner) 교수였다. 그는 인간에게 전염되는 질병을 유발하는 단백질 입자를 프리온이라 이름을 짓고 이들이 인간의 체내에서 원래 모양을 뒤바꿈으로써 뇌신경 등 정상세포를 손상시킨다고 밝혔다.

그런데 우리 몸에서는 볼 수 없는 다른 종류의 단백질인데도 왜 면역계가 알아내서 파괴시키지 못했을까? 그것은 단백질 입자의 구조가 변하기 때문이었다. 프리온은 인체에 침투하면 우리 몸에서 만들어낸 단백질과 비슷하게 면역계가 교묘하게 위장을 한다. 그러나

시간이 지나면서 일정한
온도에서 특정한 모양을
갖추는 형상기억 합금처
럼 뇌신경에 독성을 갖
추는 구조로 변한다. 초
기에 프리온이 일으키
는 뇌신경 손상은 복잡
한 경로를 통해 화학적

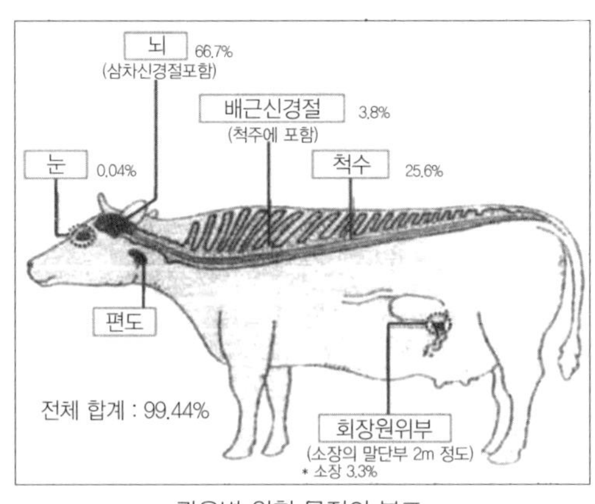

광우병 위험 물질의 분포

인 연쇄반응을 일으키고 이것이 뇌에 커다란 구멍을 뚫어 놓는 것으
로 보고 있다. 프루시너 교수 역시 이를 규명한 업적으로 1997년 노
벨 생리의학상을 받았다.

프리온은 미생물이 아니므로 항생제도 듣지 않아 치료는 물론 예
방도 어렵다. 또한 300도 이상의 고온에서도 수십 분 이상 버틸 수
있고, 자외선이나 방사선 화학약품에도 강해 사람을 죽일 수 있는
수천 배의 강도와 용량에서도 파괴되지 않는다. 땅에 묻어도 썩지
않아 불에 태워 없애버리는 수밖에 없다.

이렇게 골칫거리인 광우병이 우리에게 느닷없이 나타난 원인은 초
식동물에게 육식사료를 먹였기 때문이다. 1732년 영국의 양떼에서
원인모를 질병이 발생했는데 갑자기 안절부절못하며 극심한 가려움
증으로 털과 피부를 담장에 비비는 발작적인 스크래피(Scrapie)병 증
세가 나타났다. 스크래피는 지금도 드물지만 때때로 양에게 나타난

다. 문제는 영국의 소사육업자가 1970년대부터 스크래피병으로 죽은 양고기를 소에게 사료로 먹이기 시작했다는 사실이다. 스크래피를 일으키는 프리온 단백질이 소의 뇌에서 광우병을 일으켰고, 이것이 사람에게 옮겨가 신종 크로이츠펠트야콥병, 즉 광우병을 만든 것이다.

우리나라는 소에게 육식사료를 먹이지 않고 광우병 소가 발견된 적도 없으므로 광우병 안전지대다. 그러나 소의 뼈나 내장에서 추출되는 기름을 이용해 만든 공업용 아교나 젤라틴 속에도 프리온 입자가 있다. 이들을 그냥 만지는 것만으로는 문제가 되지 않지만 치과용 충전 재료를 유럽산 소뼈로 만든다면 광우병에 걸릴 수 있다. 소의 태반에서 추출한 노화방지 화장품도 문제가 된다. 피부를 통해 프리온 입자가 뇌로 침투될 수 있기 때문이다. 헌혈도 프리온의 오염원이 될 수 있어 이미 헌혈지침을 바꾼 나라도 있다. 광우병이 우리나라에서 시작되지 않은 것은 천만다행이다. 머리부터 발끝까지 소의 모든 부위를 먹는 동양권 특유의 식문화 때문이다. 소의 뇌를 먹는 일은 없지만 설렁탕 등의 형태로 자주 섭취하는 등뼈 속 척수는 아주 위험하다. 소의 혈액인 선지를 재료로 만든 해장국에도 프리온이 있을 수 있다. 그러나 우유에는 프리온이 없는 것으로 밝혀졌다.

소의 근육에선 프리온이 거의 발견되지 않고 뇌에 64퍼센트, 척수에 26퍼센트, 척추에 6.4퍼센트, 내장에 3.6퍼센트가 분포돼 있어 특정위험물질(SRM)이라 부른다. 따라서 이 부위나 잡고기로 만든 햄버거, 동그랑땡 등의 육제품 섭취는 피하는 게 좋다. 전체 유럽국가의 사육소 가운데 광우병 소는 0.1퍼센트도 안 되는 것으로 추측되고 발견 즉시 도살하니까 살코기는 꺼릴 필요가 없다. 그러나 유럽산 쇠고기를 100퍼센트 안전하다고 볼 수는 없으므로 유럽을 여행할 경우 한식인 설렁탕이나 선지국, 소의 간이나 곱창 등은 피해야 한다.

결국 광우병은 풀을 먹는 소에게 억지로 양고기를 먹인 것이 화근이 되어 인간이 자초한 생태계 파괴에 대한 자연의 준엄한 보복인 셈이다. 프리온이든 바이러스든 병원체는 숙주에서는 대부분 탈을 일으키지 않고 공생관계를 유지한다. 독성이 강해 숙주가 죽어버리면 자신도 멸종될 수밖에 없기 때문이다. 에이즈 바이러스 역시 원래 숙주인 아프리카 원숭이에겐 문제가 되지 않는데 사람에게 옮겨오면 치명적인 면역결핍 증세를 일으킨다. 조류독감도 마찬가지다. 원래 야생조류들은 조류독감에 걸려도 그저 약간의 감기증상만 보이는데 이것이 집단으로 사육되어 면역력이 떨어진 닭이나 오리에게 옮기면 치명적인 병원성을 보인다.

양계장 닭들은 앉지도 못할 정도로 비좁고 나쁜 환경에서 사육되다보니 면역력이 떨어진다. 더구나 밤새 불을 켜놓아 잠도 못자고 오로지 먹이만 먹을 수 있어 6개월 이상 걸리는 사육기간이 한 달로 줄어든다. 더구나 항생제나 성장 호르몬은 물론 기생충예방약으로 비소까지 먹여 이를 먹은 사람들에게까지 나쁜 영향을 미친다.

경제적인 대량사육을 위해 수만 마리의 가축을 좁은 우리에 몰아넣고 공장에서 생산된 똑같은 사료를 먹여 키우니 병균에 대항하는 면역력이 떨어져 광우병은 물론이고 구제역이나 돼지콜레라나 조류독감 같은 병이 생기면 퍼지는 것은 시간문제다. 자연에서는 다양한 종들이 섞여 살아야 생태적 안정성이 유지되는데 크게 잘 자란다고 한 가지 우량종만을 대량으로 사육하게 되면 다른 종들이 도태되어 이런 위험에 처하게 된다. 인간의 탐욕을 위해 과학기술로 자연을 마음대로 농락할 수 있다고 생각하면 큰 오산이다. 이런 위험을 피하려면 다시 자연에서 가축을 키우는 소규모 유기농 목축으로 되돌아가야 한다. 우리는 매일 식탁에 오르는 먹을거리들을 정말 소중하게 생각하고 이들을 먹을 수 있음에 항상 감사하는 마음을 갖아야 한다. 우리가 먹는 음식이 결국 우리의 몸이 된다.

공장식 축산업이 부른 육식 문명 종말론

매일 아침, 학교 가는 길에 풍세천에서 떼 지어 헤엄치는 아름다운 새들을 보는 것은 내 인생의 크나큰 즐거움 중 하나였다. 나는 다양한 색깔과 모양의 깃털을 뽐내는 오리들이 먹이를 찾기 위해 물속으로 머리를 집어넣으며 한가롭게 노니는 평화로운 천국 같은 풍경을 보면서 하루를 시작했다. 그런데 몇 년 전부터 이곳은 생지옥으로 변했다. 바로 이 개울 옆 양계장에서 무서운 AI(조류독감)가 발생해 수만 마리의 닭들이 생매장을 당한 것이다. 철새들은 병원성 바이러스를 퍼뜨리는, 인간이 멀리해야 할 동물 1호로 떠올랐고, 하얀 옷을 입은 방역관과 경찰관이 차를 막아서는 까닭에 뒷길로 멀리 돌아 등하교를 해야 했다.

우리나라는 매년 전국적으로 기승을 부리는 바이러스성 전염병 때문에 불안에 떨고 있다. 2010년 겨울에는 구제역과 조류독감, 신종 인플루엔자까지 전국 각지에서 발생해 사망자들이 속출했다. 구제역 때문에 생매장 당해 죽은 동물은 무려 350만 마리를 넘어섰다. 아마 역사상 가장 참혹한 동물 잔혹사로 기록될 것이다. 가축들을 산 채로 매장하는 과정에 동원된 사람들은 정신적 충격 때문에 외상 후 스트레스성 장애를 호소하고 있다. 게다가 살처분된 가축의 사체에서 침출수가 흘러나와 지하수를 오염시키고 있으니 제2의 환경재앙이 우려되는 실정이다.

조류독감(H5N1) 바이러스는 사람을 비롯한 다른 동물에게도 전염될 수 있다. 그리고 만일 이것이 인수공통전염병 바이러스로 변이된다면 제1차 세계대전 중인 1918년에 발병해 최고 5,000만 명으로 추정되는 사람들을 죽음으로 몰고 간 스페인독감처럼 인류에게 엄청난 재앙이 될 것이다. 당시에 죽은 병사의 미라를 연구한 결과 조류독감 바이러스가 원인이라는 사실이 밝혀졌다. 미국 동물보호단체 '휴메인소사이어티'의 마이클 그레거 박사는 조류독감 바이러스가 창궐했던 아시아 및 아프리카에서 돼지가 신종플루(H1N1)와 조류독감에 동시에 걸리면 두 가지 성격을 모두 가진 새로운 바이러스가 발생할 가능성이 있다고 경고했다. 신종플루 바이러스가 돼지 몸속에서 기생하다 조류독감 바이러스와 결합해 변이될 경우 '전염 속도가 빠른 신종플루 바이러스와 맹독성을 지닌 조류독감 바이러스의 특성을 모두 물려받은 치명적인 신종 바이러스'가 나타날 수 있다는 것이다.

어린 시절 우리 집에서는 매년 수십 마리의 닭을 놓아 키웠다. 초겨울이면 짚으로 만든 닭둥우리에서 튼실한 씨암탉이 알을 품었다. 3주가 지나 병아리들이 알을 까고 나오면, 두꺼운 종이박스에 넣어 안방에서 좁쌀을 먹이며 키웠다. 아이들은 겨우내 노란 병아리들을 한 마리씩 꺼내 가지고 놀았다. 사람 손을 너무 많이 탄 병아리는 스트레스를 받아 죽기도 했기 때문에 어른들은 병아리 접근 금지령을 내리기도 했다. 봄이 되어 병아리들의 솜털이 빠지고 깃털이 나오면 뒤란에 풀어놓았는데, 병아리들은 어미닭을 따라다니며 부리로 땅속의 지렁이를 콕콕 집어내 잡아먹는 법과 모래나 사금파리 깨진 것을 먹는 등 모래주머니로 거친 곡식을 소화시키는 법을 배웠다. 5월경에 중닭이 되면 큰 놈을 골라 인삼과 각종 약초를 넣어 약병아리라며 보약으로 잡아먹었다. 보통 한여름인 8월이 지나고 열 달은 넘어야 5일장에 내다 팔았는데 덩치 큰 수탉과 암탉 한 마리씩은 남겨두었다.

그러나 요즘 양계장에서는 닭을 키우는 시간이 예전의 10분의 1밖에 안 걸리므로 한 달 남짓이면 출하한다. 빨리 자라고 성장호르몬인 에스트로겐을 사료에 첨가하기 때문이다. 또한 밀집사육으로 스트레스를 받는 닭들이 빨리 죽는 것을 막기 위해 사료에 항생제를 섞어 먹인다. 양계장은 대개 완전 밀폐구조로 되어 있으며 인위적으로 환기를 시킨다. 게다가 닭이 눈앞에 있는 먹이만 겨우 볼 수 있는 인공조명을 설치한다. 이것은 산란율을 높이기 위해 일조 시간을 늘리고 잠자는 시간을 단축시키려는 것이다. 그리고 먹이를 통제하기 때문에 닭이 벼슬에서 피라도 흘리면 주위 닭들이 이 닭을 죽을 때까지 집단으로 공격하는 습성이 있어서 이를 미연에 막기 위한 조치이기도 하다. 그런데도 보통 양계장 산란계의 경우 1주일에 1,000마리당 적게는 대여섯 마리에서 많게는 십여 마리 정도의 닭이 죽는다. 이동하며 사는 철새들은 조류독감 바이러스에 감염되더라도 대부분 증상이 약하거나 아예 없다. 그러나 운동이 부족하고 햇빛도 제대로 못 보며 사는 닭이나 오리 같은 가금류에 옮겨졌을 때는 고병원성을 보일 수 있다. 특히 닭은 조류독감 바이러스에 대한 저항력이 매우 낮아 감염이 되면 호흡곤란을 일으켜 쉽게 폐사한다.

2010년의 구제역 사태는 국토가 좁은 우리나라 축산업의 특성상 좁은 우리에 많은 가축들을 키우는 축사의 위생 상태와 방역 상태 등 열악한 사육환경을 감안하면 충분히 예상할 수 있는 일이다. 축산업자는 가축들을 움직이기도 힘든 좁디좁은 쇠창살에 가두고, 초식동물인 소에게 동족인 다른 소의 내장을 먹인다. 그뿐만 아니라 엄청난 양의 농약을 비행기로 투여한 유전자조작 수입 옥수수로 만든 배합사료를 먹인다. 그 사료에는 갖가지 항생제는 물론 기생충을 예방하기 위해 독약인 비소까지 첨가한 경우도 있다. 여기에 속성으로 키우기 위해 성장호르몬까지 투여하니, 이것은 가축을 키우는

게 아니라 오염덩어리 축산물을 찍어내는 공장인 것이다. 최근 사회 문제가 되었던 대형마트의 5,000원짜리 치킨이 논란을 일으킨 것도 사실은 이러한 반생명적인 공장형 축산의 문제를 극명하게 보여주는 것이다.

우리나라에서 짧은 시간 안에 전통적 축산 방식이 대부분 사라지고 공장형 축산이 보편화된 것은 육식이 과다한 비중을 차지하는 식생활 문화와 무관하지 않다. 불과 30~40년 전만해도 고기는 명절이나 웃어른의 생신 때가 아니면 구경하기 힘들 정도로 매우 귀한 음식이었다. 이런 날에도 뭇국에 고기 몇 점 넣어 끊이는 것이 고작이었다. 그러나 지금은 소시지, 동그랑땡, 햄 등 가공 육류가 식단에 자주 등장하고, 외식을 할 경우에는 삼겹살이나 등심 같은 육류만으로 포식하는 일도 잦아졌다. 반세기 전만해도 우리나라에 30만 마리를 넘지 않았던 소가 지금은 300만 마리를 넘어섰다. 사람들의 육류 섭취량도 같은 기간 동안 무려 100배가 늘었다. 가공제품과 유제품, 패스트푸드의 확산으로 인한 과다한 육류 섭취는 비만의 원인이 될 뿐만 아니라 심장병 같은 심혈관 질환과 각종 성인병을 비롯한 건강문제를 일으킨다. 또한 2010년의 구제역처럼 전염병이 통제 불가능하게 확산되는 아웃브레이크 사태를 초래한다. 앞에서 언급했던 것처럼 제1차 세계대전의 조류독감이나 중세의 페스트가 가져온 어마어마한 인명 손실의 피해가 다시 반복되지 않으리라고 누구도 단언할 수 없다.

구제역이 발생하면 단지 의심신고가 접수된 농장의 반경 3킬로미터 이내에 산다는 이유만으로 병에 걸리지도 않은 멀쩡한 가축들을 살처분한다. '살처분'이라는 이름으로 대량학살을 하는 이유는 간단하다. 병에서 회복되더라도 성장이 느려져 사료 값이 더 많이 든다는 경제논리 때문이다. 이 때문에 농민들도 가축들을 살처분하고 정부로부터 보상금을 받는 게 유리하다고 생각해 가축들을 생매장하고 있는 것이다. 시급히 생매장해야 할 것은 과도한 육식 문화와 오로지 영리를 목적으로 하는 축산산업이다. 이른바 효율적 대량생산 체제인 오염덩어리 육류와 육가공품을 생산하는 공장형 축산을 즉시 중단하지 않는다면, 최악의 시나리오가 현실로 나타나 인류를 죽음의 공포로 내몰게 될지도 모른다.

세계보건기구는 인류의 생존을 위협하는 3대 요소가 기후변화와 이로 인한 식량 부족, 그리고 판데믹(Pandemic)이 될 것이라고 지목했다. 판데믹은 특정 전염성 질환이 전 세계로 급속히 퍼져 유행하는 현상을 말한다. 이것은 순리를 거스르고 경쟁적으로 물질 성장을 추구한 현대문명의 결과다. 이미 지구촌에서는 기아와 영양실조로 1분에 23명의 어린이가 죽고, 매년 5,000만 명이 죽어가고 있다. 그런데 과학자들의 조사 결과에 따르면 식용 소가 먹는 열량이 매년 78억 명의 사람들이 먹는 칼로리에 해당하며, 단 1명이 먹을 쇠고기와 우유를 생산하기 위해 22명이 먹을 수 있는 콩과 옥수수를 소모한다고 한다. 세계 총생산 곡물의 37퍼센트를 차지하는 미국에

서 생산된 곡물 중 70퍼센트는 사료로 사용된다. 또한 미국 물 소비량의 50퍼센트, 미국에서 사용된 모든 원자재의 3분의 1이 육류와 유제품, 달걀 생산을 위해 소비되고 있다. 육류의 종류에 따른 사료 사용량도 크게 차이가 난다. 쇠고기 1킬로그램을 생산하려면 곡물 7킬로그램이 필요하고, 돼지고기는 4킬로그램, 치즈나 계란은 3킬로그램, 닭고기는 2.2킬로그램이 들어간다고 하니 쇠고기 소비가 가장 큰 문제다. 미국은 신자유주의를 앞세워 투기자본으로 다른 나라의 시장을 반 강제적으로 개방시키고 쇠고기와 햄버거 그리고 코카콜라를 전 세계로 수출해 지구환경과 인류의 건강을 파괴하고 빈부격차를 확대해왔다. 그러나 더 큰 문제는 육식의 확산이 지구온난화로 인한 지구 생태계 파괴의 가장 큰 원인이라는 사실이다.

가축 사육을 위한 초지를 만들기 위해 숲을 파괴하고, 소가 내뿜는 메탄가스는 지구온난화를 심화시킨다. 전 세계 13억 마리의 소들이 매년 6,000만 톤의 메탄가스를 내뿜고 있다. 또 축산업을 위해 운행되는 트랙터와 사료, 가축 운송에 사용되는 트럭에 수백억 리터의 석유가 소비된다. 초지의 관개, 도살장 및 정화시설 운영, 그리고 냉동 저장을 위해 수백억 리터의 물도 소비된다.

육식 문명의 위기는
비건 채식으로 해결할 수 있다

2009년 11월 미국의 월드워치 연구소가 발행하는 잡지인 「월드워치」에서 가축과 기후변화를 특집으로 다루었다. 세계은행그룹 수석 환경고문을 지낸 로버트 굿랜드(Robert Goodlan)박사와 이 그룹의 연구관 제프 안항(Jeff Anhan)은 가축 생산과 육류 및 육가공품 공급 과정이 전 세계 온실가스 배출량의 51퍼센트 이상을 생산한다고 결론을 내렸다. 이것은 2006년 유엔 식량농업기구가 '가축의 긴 그림자(Livestock's long shadow)'에서 발표한 18퍼센트보다 무려 3배나 많은 수치다. 그러나 이 수치도 각국이 우선 줄이려고 노력하는 교통 분야의 세계 온실가스 배출 기여도인 13퍼센트와 비교하면 훨씬 높다. 두 사람은 식량농업기구연구를 보고 그들이 놓쳤거나 과소평가하고 잘못 분류된 부분을 포함시키며 연구를 진행시켰다.

식량농업기구는 축산업이 매년 총 75억 1,600만 톤으로 지구 전체 이산화탄소의 18퍼센트에 해당하는 가스를 배출한다고 추산하지만, 굿랜드 박사와 안항은 매년 325억 6,400만 톤 이상으로 계산했다. 이 차이는 식량농업기구가 다루지 않은 배출 요인들로 가축의 호흡과 가축 사육을 위해 나무와 숲을 벌목하면서 나오는 탄소 배출, 그리고 과소평가된 메탄가스다.

가장 중요한 추가부분은 가축의 호흡으로 배출된 이산화탄소가 88억 톤이나 된다. 유엔 식량농업기구에서는 호흡을 '신속히 순환하는 생물시스템'으로 간주해 가중치에서 제외했으나 이를 반박한 것이다. 식량농업기구 보고서는 브라질 아마존 우림의 파괴와 같이 축산 관련 토지 사용 변화를 포함하지만, 토지 이용 변화에 따른 배출을 폭넓게 언급하지는 않았다. 가축의 긴 그림자에서 토지 사용의 변화에 기초한 수치도 수정했다. 완전 채식을 위한 비건 유기농법은 이산화탄소 배출량을 획기적으로 감소시켜 식량 생산과 토지 사용에 있어 훨씬 효과적이다. 만일 전 세계의 사람들이 육식을 버리고 완전 채식으로 식생활을 바꾼다면, 축산을 위해 사용했던 농지에 다시 나무를 심고 야생상태로 돌릴 수 있어 새로운 초목이 대기의 이산화탄소를 흡수하게 된다. 네덜란드 환경평가국에서 연구한 '식단 변화의 기후적 이점'에서 2050년까지 지구온난화 완화의 비용절감을 결정하는 세 가지 식단 선택 시나리오를 가정했다. 만일, 이 시나리오에 따라 세계 인구가 완전채식을 선택한다면 기후변화 해결 비용의 80퍼센트가 줄어들고, 인류는 지구온난화로 인한 멸망의 위협에서 해방될 수 있다.

초한 수치도 수정했다. 완전 채식을 위한 비건 유기농법은 이산화탄소 배출량을 획

제3부

좋은 우리 발효음식

콩의 과학

서울의 한 초등학교에 환경 강연을 하기 위해 참석한 적이 있다. 마침 현관에 도착했을 때 위층에서 우유가 통째로 떨어졌고 옷에 얼룩이 튀었다. 귀한 음식을 버리다니 괘씸한 생각이 들었지만 한편 이해가 되기도 했다. 아이들은 우유의 유당을 분해시키지 못해 배탈이 나는 유당불내증 증상이 많은데, 성인의 80퍼센트도 이 증상이 나타난다고 한다. 소화도 못시키는 우유를 아이들에게 먹으라고 강요해서 생기는 일이다. 우유를 완전식품이라고 부르며, 특히 칼슘 보충원으로 국가차원에서 보급해왔으나 요즘 미국에서는 이러한 신화가 깨지고 있다. 하버드 의대에서 장기간 세계 여러 나라를 대상으로 실시한 연구 결과 우유 섭취량이 가장 많은 미국에서 오히려 골다공증 빈도가 가장 높고 우유 섭취가 거의 없는 아프리카 여러 나라에서는 오히려 골다공증 증상이 나타나지 않았다. 많은 학자들이 이것은 동물성단백질의 대사 결과 생긴 인이나 황, 질소화합물들이 체액을 산성화시켜 이를 중화시키느라 뼈에서 칼슘을 빼내기 때문이라고 설명한다. 우유는 소에게는 완전식품일지 모르나 사람에게는 엄연히 동물성 식품이므로 콜레스테롤과 포화지방 함량이 높아 많이 섭취하면 당연히 해롭다.

2010년 구제역으로 400만 마리나 되는 돼지와 소가 갑자기 사라지면서 육류 값이 천정부지로 치솟았다. 뒤이어 우유의 공급도 줄어들게 되자 대신 두유를 먹어야 한다는 여론이 조성되기도 했다. 이것은 과학적 연구 결과 두유의 원료인 콩의 영양적 가치가 매우 높게 평가되고 있기 때문이다. 콩이 당뇨나 고혈압 등의 대사병에 특효가 있다는 사실이 밝혀지면서 보약 대접을 받는 시대가 되었다. 전통 장류문화의 중심인 콩이 드디어 그 진가를 발휘하게 된 것이다.

요즘처럼 군것질거리가 흔하지 않던 어린 시절에는 또래 친구들과 뒷산 너머 남의 밭에서 콩서리를 하곤 했다. 그 콩으로 콩튀기를 만들어서 손과 입이 시커멓게 될 정도로 맛있게 먹었는데 콩이 익어 '타닥' 튀는 소리가 지금도 아련하다. 그때는 두부도 집에서 만들었다. 물에 불린 콩을 맷돌로 갈아서 나온 콩물을 가마솥에 넣고 장작불을 때며 간수를 넣었다. 뭉게구름처럼 단백질이 응고되면 무명천으로 묶은 뒤 맷돌을 올려놓고 물을 짜내 단단한 두부를 만들었다.

늦가을에는 콩을 삶아 절구에 넣고 찧어서 메주를 만든 뒤 방안에 매달아 놓고 겨우내 잘 익으면 간장을 담가 먹었다. 콩의 기억은 바로 우리 고향에 대한 추억이다.

최근 미국에서는 이례적으로 두부나 두유 등 콩으로 만든 식품에 대해 심장에 좋다는 문구를 포장에 표시하도록 허용했다. 과도한 육식으로 매년 100만 명 이상의 심장병 환자가 생기고, 이중 50만 명이 목숨을 잃기 때문이다. 동물에게나 먹이던 콩이 미국인 사망원인 1위인 심장병을 치료하는 약(藥)이 된 것이다. 콩 단백질이 혈중 콜레스테롤을 저하시켜 심장마비와 당뇨를 예방할 수 있다는 사실이 과학적으로 입증되고 있다. 이외에도 지금까지 밝혀진 콩의 효능은 항암, 항산화, 골다공증 예방 등 무수히 많다. 우리 실험실에서 개발한 한살림 두유와 두부는 수입 유전자조작 콩이 아닌 무농약 우리 콩으로 제조된 친환경 건강식품이다. 유럽에서의 연구 결과 유전자조작 콩을 장기간 섭취한 쥐는 장기 불균형 현상을 보이고 알레르기를 일으킨다는 사실이 밝혀졌다.

주목을 받고 있는 콩의 이소플라본은 여성호르몬과 유사한 작용으로 골다공증, 발한, 불면증, 심장질환, 성욕감퇴 등 여러 가지 심각한 갱년기 장애를 예방하고 치료하는 데 효과가 좋다. 특히 제니스틴이 유방암과 각종 성인병 예방에 탁월한 효능이 있다는 연구 결과가 나왔다. 또한 노화된 피부의 콜라겐과 탄력섬유 감소로 인한 피부의 구조 변형과 기능저하를 회복시킬 수 있어 노화방지 화장품의 주성분으로 각광받고 있다. 티로시나제 효소의 작용을 방해해 피부의 멜라닌 생성을 억제하므로 미백효과도 있다. 또한 콩에 풍부한 '레시틴'은 유화작용으로 혈액의 점도를 낮춰 혈액순환을 도와주고 특히 뇌속의 아세틸콜린의 감소를 막아 알츠하이머형 치매를 막는 데 매우 효과적이다. 비타민 E는 피부의 기미를 방지할 뿐 아니라 혈액순환을 원활히 해준다. 또한 혈액 중의 악성 콜레스테롤과 중성지방을 감소시키고 노인반점 방지에도 탁월한 효과가 있다. 사포닌은 비만체질을 근본적으로 개선하는 기능이 있어 다이어트에 효과적이다.

콩은 칼슘과 칼륨, 철분, 아연 등의 미네랄이 풍부해 육류의 과잉섭취로 산성화된 혈액을 알칼리화시켜 뼈의 칼슘을 빼앗기지 않도록 골다공증을 억제해준다. 특히 칼슘의 함유량이 높아 칼슘 섭취가 필요량의 절반에 불과한 우리나라 국민에게 두부와 두유는 칼슘보약인 셈이다. 매일 두부 반 모만 먹으면 하루에 필요한 칼슘 필요량을 충족시킬 수 있다. 이렇게 골고루 함유된 비타민과 미네랄들은 다양한 효소와 함께 신진대사를 촉진시켜주므로 다이어트 효과도 크다.

우리나라는 콩의 원산지이고 지금도 산과 들에 가면 꼬투리가 작고 덩굴이 있는 야생콩들을 볼 수 있다. 두유의 세계 최대 생산국이며 된장, 간장, 고추장 등 두장문화의 중심지로 장류 음식은 바로 우리 음식문화의 자존심이다. 반면 서양은 주로 육류와 우유에서 단백질을 얻고 우유로 발효식품을 만들어 먹는 전통을 갖고 있다. 그러나 임상연구 결과 우유지방이나 단백질은 고혈압이나 당뇨 등 각종 성인 만성병에 악영향을 미친다는 사실이 밝혀졌다. 우리의 음식문화가 지닌 높은 영양 과학적 가치를 다시 한 번 확인할 수 있다.

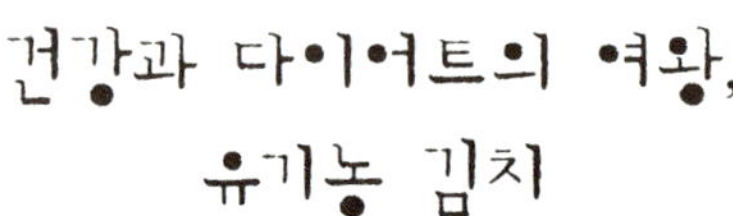

건강과 다이어트의 여왕,
유기농 김치

20년 전 독일 베를린공대에서 학위를 마치고 박사탄생파티를 열 때였다. 여성연구원들이 모두 김치 접시를 둘러싸고 "닥터 리, 닥터 리." 하며 새로운 이름으로 나를 불러댔다. 눈물이 나도록 매운 저 빨간 샐러드가 도대체 무엇이기에 이렇게 맛있냐고 물었다. 나는 자랑스럽게, 이것이 바로 한국의 대표적인 전통 발효식품 김치인데 다이어트에 좋다고 설명해주자 김치는 순식간에 동이 났다. 김치는 1988년 올림픽을 통해 세상에 널리 알려진 후 이제는 세계적인 건강잡지 「헬스」지가 선정한 세계 5대 식품의 하나로서 지구촌 건강음식으로 확고부동한 자리를 차지하고 있다.

요즘도 나는 김치 맛에 빠져 있다. 지난여름 고향인 행주나루 한강가 텃밭에 비지땀을 흘려가며 땅을 고르고 심은 무로 섞박지를 담 갔는데, 그 맛이 그렇게 좋을 수가 없다. 무가 작고 단단해서 깨물기가 어렵지만 고소한 맛이 깊고, 특히 김치국물의 단맛이 새콤하고 상쾌해 일품이다. 아마 천국에 김치가 있다면 이런 맛이 아닐까 하고 생각해본다.

김치에 관한 첫 기록은 삼국유사에서 등장한다. 신라 신문왕 때 김치와 유사한 반찬이 밥상에 올랐다고 한다. 그리고 고려시대에 '순무를 장에 박아 넣은 뒤 여름철에 꺼내먹고, 소금에 절여 겨울철에 대비 한다'고 이규보의 『동국이상국집』에 기록되어 있다. 그러나 고추를 넣어 만든 매운 김치는 1600년경 고추가 우리나라에 전래된 후에 나온 것으로 추측되며 1760년경 유종림의 『증보산림경제』에 동치미, 김장, 짠지, 나박김치, 소박이, 장아찌 등 20여 가지의 김치가 등장한다.

김치는 비타민 A, B, C 등 핵심 비타민이 풍부하고, 정장작용을 해주는 유산균이 많으며, 섬유질이 풍부한 저지방 다이어트 식품이다. 주재료인 배추, 무, 갓, 고추, 마늘, 파, 생강 등에는 많은 양의 항산화 비타민인 비타민 A(카로틴), 비타민 C와 무기질, 섬유질이 함유되어 있다. 특히 김치는 숙성 2주째에 비타민 C 함량이 최고로 높아진다. 성인이 하루 세 끼 식사에 김치를 약 150그램 정도 먹을 경우 비타민 C를 배추김치에서 약 20밀리그램, 열무김치에서 35밀리그램을 섭취할 수 있다. 이는 한국인 1일 권장량인 100밀리그램의

3분의 1에 해당하는 양이다. 잘 익은 김치는 뇌활성 아미노산인 가바(GABA, Gamma-Amino Butyric Acid)를 많이 함유하고 있는데 뇌 기능 촉진, 집중력 향상, 정신안정, 혈압저하 등의 효과가 있어 학습에 도움이 된다. 김치를 발효시키는 유산균은 발효 과정에서 장내 유용 미생물의 증식을 촉진하며 변비와 대장암 예방에도 좋다. 지난 2003년 사스(SARS) 파동 때 유독 한국인들의 감염률이 낮았던 이유로 김치가 주목받으면서 세계의 관심을 끌었다. 유산균이 만든 항균 펩타이드나 유기산과 마늘, 생강 등 양념류 첨가물이 유해균의 증식을 막기 때문이다. 김치유산균은 대장암을 막아주고 몸에 해로운 LDL 콜레스테롤의 혈중 농도를 낮춘다. 김치는 항균, 항산화, 항암 활성이 크고 비만 방지 및 면역력 증강에 좋다. 또한 고추의 캡사이신 성분은 지방을 분해시켜 다이어트에도 큰 도움을 준다. 이 때문에 우리나라 김치가 일본 여성들에게 인기가 있고, 어떤 이들은 핸드백에 고춧가루를 넣고 다니며 물에 타 마신다고 한다.

아이들도 좋아하는 맛있는 김치를 담그려면 유기농 배추와 고추, 마늘 등의 질 좋은 부재료를 써야 한다. 비닐하우스가 아닌 농지에서 농약이나 질소비료를 사용하지 않고 재배한 배추나 무는 조직이 치밀하고 폴리페놀과 플라보노이드, 황화합물 등의 면역물질 함량이 높아 질병 방지에 큰 도움이 된다. 농약을 치지 않으면 해충이나 병원균과 싸우기 위해 식물 스스로 이러한 면역물질들을 축적해야 하므로 유기농 채소와 과일은 산삼 같은 보약과 같다. 또한 클로로필과

안토시아닌 등 색소 함량이 수 배나 높고 칼슘 등 각종 미네랄과 섬유질 함량도 높아 아주 고소하고 맛이 좋다. 유기농 배추나 무는 조금 더 질기고 단단하며 약간 매운맛이 강하지만 향기와 색깔이 진해 냉장고에 반 년 이상 오래 저장해도 무르지 않고 싱싱하다. 정말 김치 하나로 밥 한 그릇을 뚝딱 먹어치울 만큼 맛있다.

김치찌개를 먹으면 다음 날 대변의 양이 많고 색깔이 황금색이며 냄새도 적은데, 바로 김치를 통해 많은 양의 섬유질을 흡수해 장내 미생물이 크게 증가했기 때문이다. 건강한 사람의 변은 고형분의 절반 이상이 장내 미생물로 이루어져 있다. 그러나 남도 김치나 김치찌개의 국물은 소금의 함량이 높아 너무 많이 먹지 않도록 주의해야 한다. 요즘에는 김치 냉장고의 발달로 쉽게 쉬지 않으므로 김치를 너무 짜지 않게 담가도 된다.

나의 연구실인 '천연 항산화제 및 응용 미생물 연구실'에서는 유기농 채소와 일반 농산물의 영양소 함량을 비교하고, 천연물을 이용해 김치의 저장성을 향상시킬 수 있는 방법을 연구해왔다. 실험 결과 노지에서 무농약으로 키운 배추나 무가 그렇지 않는 농산물에 비해 각종 색소와 식이섬유, 비타민, 미네랄의 함량이 30~120퍼센트나 더 높다는 사실이 밝혀졌다. 또한 사찰 김치는 연잎 추출물을 넣어 오랫동안 싱싱하고 물러지지 않는데 이것은 연잎에 함유된 미토플락손(Mitoflaxone)이라는 항산화·항균물질의 효과 때문이라는 사실도 밝혀졌다.

억울한 명품 음식, 된장

흔히 허영심에 가득 찬 여자를 일컬어 '된장녀'라는 말을 자주 쓴다. 그러나 된장은 억울하기 짝이 없다. '명품으로 몸을 치장해 봤자 너도 마찬가지로 된장이다'라는 뜻이다. 그러나 적반하장도 유분수지 된장처럼 몸에 좋은 명품 음식은 없다.

된장은 무르지 않다는 '되다'의 뜻을 가지며 토장으로 불리기도 한다. 된장은 육류 등 동물성단백질을 원료로 하는 중국의 식해와는 다르다. 우리나라에 풍부한 식물성 단백질원인 콩을 재료로 전혀 새로운 형태의 장을 만들었다. 된장의 역사를 되짚어보면, 290년경의 중국 고문헌 『삼국지』와 『위지동이전』에 고구려인의 장 담그기, 술빚기의 솜씨가 매우 훌륭하다고 소개되어 있다. 또한 무문토기 유적지에서 발효식품을 담았을 것으로 여겨지는 항아리가 출토되었고, 고구려의 안악고분 벽화에 발효식품을 갈무리 한 듯한 독이 우물가에 보이는 점으로 미루어볼 때 대략 부족국가 말엽에서 삼국시대 초기에 메주를 쑤어 장을 담갔을 것으로 추측할 수 있다. 683년 신라시대에 간장과 된장에 관한 기록이 나오며, 1018년 고려사지에 된장의 기록이 있다.

메주는 일본에도 전래되었는데, 701년 일본의 대보율령(大寶律令)에는 장(醬)과 시(豉), 말장(末醬)이 기록되었고, 한편 이 말장이 일본으로 건너가게 되어 일본「정창원문서, 천평11년(739)」에 말장을 미소라고 읽었으며, 동아(東雅)에는 '고려의 장인 말장이 일본에 들어와서 그 나라 방언 그대로 미소라 읽는다'라고 하였다. 우리나라는 건강식품의 대명사인 콩을 원료로 발효시킨 장류문화권의 오랜 중심국가인 것이다.

감나무에 까치가 먹으라고 남긴 몇 개의 감이 말라서 쪼그라들기 시작할 때쯤이면 어머님이 메주를 만들기 위해 콩을 삶았다. 돌절구로 찐 콩을 네모난 나무 상자에 넣고 맨발로 밟아 메주 모양을 만들어 바람이 잘 통하는 방에 불을 때며 하루를 두면 잘 굳는다. 겉이 웬만큼 굳은 메주를 짚으로 매서 안방 천정에 매달아 놓았다. 메주는 따뜻한 방에 두어야 잘 뜨는데 겨울을 지나 곰팡이가 피면서 노란 진이 나와야 잘 발효된 것이다. 이것은 누룩곰팡이가 번식한 것인데 적당히 말라야 잘 자란다. 당시만 해도 주전부리가 많지 않아 메주에 곰팡이가 슬어 고린내가 나기 전에 엄마 몰래 안 찧어진 콩을 조금씩 손톱으로 파먹었다. 그러면 엄마는 새끼줄이 풀려 메주가 떨어져 머리 깨진다고 우리에게 주의를 주셨다. 3월초나 돼야 메주로 장을 담글 수 있는데 표면에 푸른곰팡이가 피면서 단백질이 분해되므로 겨우내 고린내가 방안을 진동했다. 메주가 너무 질거나 추운 방에서 잘못 띄우면 검은 솜털 같은 곰팡이가 뒤덮는데 이것은 발효가 잘 이루어지지 못했다는 증거다. 3월초에 잘 뜬 메주를 떼어내 소금물에 담그는데 물 한 동이에 소금 반말을 넣어 계란을 넣어서 떠있을 정도는 돼야 간장이 잘 발효된다.

콩 단백질은 혈중 콜레스테롤을 저하시켜 심장마비를 치료할 수 있고 당뇨병도 예방할 수 있다는 사실이 과학적으로 밝혀지고 있다.

암에 걸린 쥐에게 된장을 먹였더니 암세포가 80퍼센트나 줄었다는 보고도 있다. 이것은 된장에 유방암, 직장암, 위암, 전립선암에 효능이 있는 이소플라본과 사포닌, 트립신억제제 같은 항암 성분이 풍부하기 때문이다. 이소플라본은 갱년기 여성의 골밀도를 높여주고 발한, 불면증, 심장질환, 성욕감퇴 등을 예방하고 치료하는 데 효과가 좋아 새로운 갱년기 증상 치료제로 각광받고 있다. 더구나 된장에는 섬유질이 보통 식품보다 5배 이상 풍부해 당의 흡수 속도를 늦추고, 트립신억제제와 레시틴은 췌장의 인슐린 분비를 촉진시켜 당뇨 환자에게 그만이다. 또한 레시틴은 혈전을 녹이고 치매 예방성분인 아세틸콜린의 원료가 되어 뇌졸중과 치매를 예방할 수 있다. 발효 중에 만들어지는 펩타이드 성분은 고혈압과 뇌출혈을 예방한다. 한편 발효를 주도하는 바실러스균은 정장 효과가 뛰어나고, 풍부한 섬유소와 사포닌은 변비와 설사를 동시에 예방해준다. 이 밖에도 된장에는 칼슘과 칼륨, 철분, 아연 등의 미네랄이 풍부해 육류 과잉섭취로 산성화된 혈액을 알칼리로 바꿔주고, 뼈의 칼슘을 빼앗기지 않도록 골다공증의 진행을 막아준다. 골고루 함유된 비타민과 미네랄은 다양한 효소와 함께 신진대사를 촉진시켜주므로 에너지를 소모시켜 다이어트에도 효과가 있다.

우리 선조들은 장맛을 가문의 자랑으로 여겼다. 전통 간장은 메주를 소금물에 담가서 뺀 진액이다. 충북 보은의 보성 선 씨 종갓집에서 350년 동안 대물림해온 간장은 1리터에 무려 500만 원에 팔렸다고 한다. 된장은 우리 음식문화의 자존심으로 우리를 암과 당뇨, 뇌졸중으로부터 지켜주는 건강 파수꾼이다. 국적불명의 가공식품과 패스트푸드로 잃어버린 건강을 되찾는 길은 된장을 자주 먹는 것이다. 또한 전세계에 전파해 명품 음식의 명예를 되찾아주어야 할 것이다.

우리 집에서는 공장에서 대량생산된 일본식 된장이 아니라 재래식 메주로 만든 된장을 먹는다. 색깔은 비록 검지만 호박잎, 당귀, 겨자잎, 치커리, 곰취 등 유기농 채소로 쌈을 싸먹으면 육류가 안 들어가도 고소하고 맛있다.

우리 고유의 전통 장류들 중에서도 된장이 최고의 위치를 차지한다. 간장도 된장을 우려낸 물이기 때문에 모든 조미료의 으뜸인 셈이다. 된장은 오래 두어도 맛이 변질되지 않고 기름진 맛을 제거해 주어 육류와 함께 먹으면 좋다. 또한 매운맛을 부드럽게 해주는 등 어떤 음식들과도 잘 조화되는 특징이 있다.

된장은 옛날부터 다섯 가지 덕을 갖추어 오덕(五德)식품으로 불려 왔다. 다른 맛과 섞여도 고유의 맛과 향미를 잃지 않는다는 단심(丹心), 오래도록 상하거나 변함이 없다는 항심(恒心), 비리고 기름진 냄새를 없애면서 본래의 영양가는 생선이나 고기보다 못하지 않다는 불심(佛心), 매운 맛이나 독한 맛을 중화시켜 부드럽게 해준다는 선심(善心), 그리고 어떤 음식과도 조화를 이루고 자연과 동화를 이룬다는 화심(和心)이다. 이러한 다섯 가지 마음은 된장만이 가지는 맛의 특징으로서, 된장은 구수한 풍미와 함께 인체와 가장 융화가 잘되는 우리나라 전통 식품의 대표적인 상징이 되었다. 된장을 자주 먹으면 우리 마음도 변함없이 항상 선하고 화합적이며 덕을 잃지 않아 서로 상생(相生)하며 아름다운 사회를 만들어 나갈 수 있다. 우리 한식은 자연철학의 정신이 배어 있는 건강한 음식이다.

나는 오랫동안 두유나 두부 등 콩으로 만든 식품에 대해 연구해 왔고, 특히 효소를 이용해 유기농 콩으로 만든 간장의 발효 기간을 단축시키는 연구를 했다. 또한 우리 민족 고유의 대두 발효식품인 된장, 간장, 청국장, 고추장 등의 소비를 촉진시키는 우리 발효식품 사랑 운동에도 적극적으로 나서고 있다.

소금 함량이 적은 건강식,
청국장

들깨나 대두 등에 포함된 천연 항산화제 연구로 밤늦게까지 바쁘게 살았던 대학원 시절 교직원 식당에서 먹던 청국장 맛을 잊을 수가 없다. 어머니께서 저녁까지 먹으라고 둥근 찬합에다 밥을 꽉꽉 눌러 넣어 마치 돌덩이처럼 단단하게 싸주셨다. 그런데 식당에서 점심으로 청국장만 시켜먹으면 구수한 맛에 어느새 찬합 한 통을 죄다 비워버리는 바람에 내 별명이 '3인분'이 되었다.

지금은 학교 근처 외암리 민속마을 부근의 형제식당이라는 한 청국장집을 자주 찾는다. 이 집의 청국장은 가장 큰 단점인 퀴퀴한 냄새도 거의 없을 뿐더러 구수한 맛이 일품이다. 몇 년 전 영국의 한 대학교수가 우리 학교를 방문한 적이 있다. 점심을 이 집의 청국장으로 대접했더니 나중에 전화를 해도 먼저 청국장 칭찬부터 시작한다. 그는 채식주의자이고 콩으로 만든 우리의 전통 발효음식에 매우 관심이 많다.

고구려와 발해시대에 만주 초원에서 유목민 생활을 하며 살던 우리 선조들은 말안장 밑에 주머니를 달아 삶은 콩을 넣어 다니며 꺼내 먹었다고 한다. 말의 체온으로 삶은 콩이 자연스럽게 발효되었는데 이것이 오늘날 청국장의 시초가 되었다. 청국장은 일본에도 전래되어 현재 낫토라는 음식으로 남아 있다.

청국장을 먹고 체한 사람은 아마 거의 없을 것이다. 청국장은 이미 미생물들이 분비한 소화효소에 의해 어느 정도 분해가 된 상태이므로 소화가 잘 될 뿐더러 변비와 설사를 멈추게 하며 장운동을 도와 장 건강에 좋다. 발효 과정에서 생성된 기능성 펩타이드는 고혈압과 치매, 뇌졸중을 막아주고, 칼슘의 흡수를 막아 골다공증을 일으키는 동물성 단백질과는 달리 오히려 골다공증을 예방해준다. 이 때문에 주로 육류나 우유에서 단백질을 섭취하는 서구사회에는 골다공증이 만연해 있다. 또한 된장과 마찬가지로 유방암, 결장암, 직장암, 전립선암 등 각종 암 예방에 효능이 있고 나쁜 콜레스테롤이 쌓이는 것을 막아준다. 청국장에는 고초균의 발효작용으로 생성된 비타민 B1, B2, B6, B12 등과 리놀렌산(Linolenic Acid) 등의 지방산, 그리고 폴리페놀이나 이소플라본 등의 천연 항산화제가 풍부해 피부병 예방과 미용에 좋다. 더불어 칼슘과 칼륨 등의 미네랄도 풍부해 신진대사가 촉진되고 레시틴과 사포닌이 과도한 지방을 흡수해 비만을 막아준다.

된장과 청국장의 가장 큰 차이는 무엇일까? 된장의 표면에는 노란색 무리의 황국균, 푸른곰팡이 등의 각종 곰팡이와 사카로미세스 등의 효모가 자라고, 안에서는 고초균(Bacillus) 등의 세균이 증식하면서 두 달 정도 비교적 낮은 온도에서 메주가 건조되면서 서서히 발효된다. 그러나 청국장은 주로 빨리 증식하는 세균만을 이용해 질척하고 높은 온도에서 2~3일 만에 속성으로 발효시켜 만든다. 그러나 청국장은 무엇보다도 싱겁게 먹을 수 있어서 좋다. 우리의 발효음식이 다 좋은데 짠 것이 문제이기 때문이다. 2005년 국민건강영양조사에 따르면, 한국인의 하루 평균 소금 섭취량은 13그램으로 세계보건기구의 권장량인 5그램(1그램은 찻숟가락 2분의 1)보다 3배 가까이 높다. 식품의약품안전청은 지난해 소금의 주요 급원을 김치류(25퍼센트), 장류(22퍼센트), 소금(20퍼센트) 순으로 밝혀 전통식단에서 소금 사용을 현재의 절반으로 줄여야 고혈압과 위암의 발병 위험률을 줄일 수 있다고 밝혔다. 나는 연잎이나 천년초, 선인장 등 천연 항균추출물을 넣어 지나친 유산발효를 억제하는 방법으로 김치의 소금 함량을 줄이는 연구를 해 왔다. 청국장은 된장보다도 염분 농도를 크게 낮추어 먹을 수 있어 좋은 발효음식이다.

달고나와 패스트푸드
그리고 쑥떡

가난했던 초등학교 시절, 방과 후 출출한 배로 교문을 나서면 뿌리칠 수 없었던 '달고나'의 유혹이 아직도 생생하다. 별이나 하트 등 크기와 모양이 다른 것들을 주택복권 뽑듯이 뽑았는데 거북이 같이 큰 놈이 찍히면 탄성을 질렀다. 지금도 유해색소나 방부제가 가득 든 총천연색 '아폴로'나 '쫀득이'라는 불량 식품이 아이들을 유혹하고 있다. 그러나 이젠 불량 식품이 아예 교문 안으로 밀고 들어왔다. 매점이나 자판기에서 판매하는 간식은 대개 설탕과 지방 덩어리인 튀긴 과자나 청량음료가 대부분이다. 게다가 학교 근처에는 근사한 레스토랑 분위기까지 갖춘 햄버거나 치킨을 파는 패스트푸드점이 산재해 있어 아이들의 생일 파티장 노릇을 한다.

이제 학교 주변 200미터가 '식품안전보호구역(Green Food Zone)'
으로 지정되고 구내매점이나 자판기에서 탄산음료, 지방이나 당류
가 많이 든 과자, 패스트푸드 등의 판매가 금지된다는 소식은 그
래서 더욱 반갑다. 비만아, 소아당뇨, 고혈압이 늘고 식중독으로
단체급식이 위협받자 식품의약품안전청은 2010년 현재 건강 저해
식품인 과자나 청량음료와 패스트푸드의 광고와 판매를 제한하고,
단체급식의 안전을 철저히 관리하기 위한 어린이 먹을거리 안전 종
합대책을 마련했다.

우리 집의 간식거리는 1년 내내 먹는 쑥떡과 현미가래떡, 유기농
김치만두와 군밤, 고구마와 과일이다. 봄이면 하루 날을 잡아 온가족
이 들에 나간다. 온종일 뜯은 무공해 쑥으로 근처 방앗간에서 쑥인
절미를 만든다. 적당한 크기로 나누어 냉동실에 얼려두었다가 출출
할 때 꺼내 프라이팬에 구워먹는데, 진한 쑥 맛이 일품이다.

일본 나가사키에 여행 갔을 때, 원폭투하로 '쑥밭'이 된 나가사키
에 제일 먼저 돋아난 풀이 바로 '쑥'이었다고 안내인이 설명해주었다.
쑥은 그만큼 강인한 생명력을 지닌 식물인데 연구 결과 항산화와 항
염, 항균력 등의 면역성분이 많이 함유된 건강식품으로 밝혀졌다. 겨
우내 먹는 간식으로는 호박고구마와 군밤이 최고인데 생태명문학교
인 거산초등학교 아이들이 직접 유기 농사를 지어 성탄선물로 보내
주었다.

이런 간식들은 아무리 먹어도 이가 상하지 않고 물리지 않아 아

이들도 정말 좋아한다. 과자류는 한살림생협에서 사온 통밀 두부과자나 마늘빵이 인기다. 돌아오는 봄에는 온가족이 가까운 들에 나가 누가 먼저 바구니에 쑥을 가득 채우나 내기를 해보자. 그래서 1년 동안 먹을 건강간식을 직접 마련해보자.

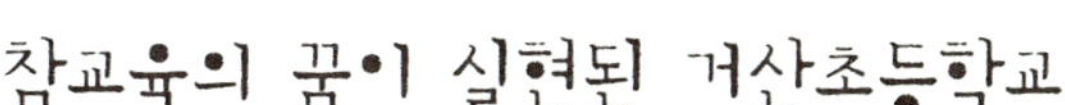

참교육의 꿈이 실현된 거산초등학교

"김치 된장 청국장 냄새가 나긴 하지만 시원하고 구수한 맛 우리 몸엔 보약이지요. 치킨 피자 햄버거 기름지고 입에 달지만 비만 당뇨 고혈압으로 우리 몸을 망가뜨려요." 아이들의 활기찬 노랫소리와 섞여 싱그러운 햇살이 교정에 흩어진다. 매달 마지막 주말, 충남 아산의 한 시골학교인 거산초등학교에서 기타 치며 '노래하는 환경교실'을 운영해온 지 벌써 10년째 접어들었다. 차가 교정에 들어서면 아이들이 벌써 알아보고 달려와 차에서 내리는 나의 팔과 기타에 매달린다.

이 학교는 다른 시골 학교처럼 학생 수가 급감해 한때 폐교 위기에 몰렸으나 주민과 인근 도시의 학부모, 참교육의 꿈을 꾸던 교사들이 힘을 모아 행복한 자연의 배움터로 되살린 곳이다. 학생이 줄어들면서 1992년에 분교로 격하되었고, 2001년에는 전교생이 34명으로 줄어들자 폐교 대상에 올랐다. 마을의 미래를 걱정한 주민들이 폐교 반대운동에 나섰고 이 소식을 들은 전교조 독서연구모임에서 만난 6명의 교사가 '공교육의 테두리 안에서 참교육의 꿈을 이뤄보자'며 이 학교로 전근을 자청했다. 2002년 3월 '공교육 희망 만들기'를 시작한 거산분교는 학생들이 정말 재미있게 공부한다는 소문을 듣고 전국에서 입학을 원하는 아이들이 몰려들기 시작했다. 3년이 지난 후, 분교가 된 지 13년 만에 다시 '거산초등학교'라는 원래의 이름을 되찾았다. 이 학교는 보통 학교와는 달리 '체험 중심의 교육과정'을 운영한다. 봄에 냉이 캐서 된장국 끓여 먹기, 쑥 뜯어 쑥떡 만들기, 직접 심은 고구마 캐서 구워 먹기, 가을에 알밤 줍기, 전통놀이 배우기 등 계절에 따라 다양한 자연체험 활동을 한다. 중요한 학교 행사는 학부모 대표-교사회의에서 결정되며 연간 교육 계획에 학부모들의 의견이 반영된다. 또한 학부모가 수업시간에 보조교사 역할을 하거나 학습 부진아를 지도하는 등 교육 활동의 한 축을 맡는다. 전문가 그룹도 이 학교를 돕는다. 수의사, 양봉 전문가, 식물 전문가, 환경학 교수 등으로 이루어진 자문단은 매주 돌아가며 한 시간씩 수업을 진행한다. 학생들이 방학이 오는 것을 싫어 할 정도로 학교가기를 좋아한다는 소문이 돌자 아산과 충남 천안시 등 도시 지역의 많은 학부모가 장거리 통학도 마다하지 않고 자녀들을 전학 보내 이제 거산초등학교는 입학하기가 매우 어려운 전국적으로 소문난 생태명문학교가 됐다. 학급당 학생 수 20명 이하의 정원을 유지하려는 '고집' 때문에 더 이상은 학생을 받지 않는다. 물론 학생 수를 더 늘리는 것보다는 다른 농촌지역의 소규모 학교들을 제2의 거산초등학교로 만드는 것이 바람직할 것이다.

한편 거산초등학교는 10년 전부터 전국 최초로 김치까지 완전 유기농 급식을 실시한 원조 유기농 급식 학교다. 얼마 전 나는 거산 학부모 100여 명을 초청해 우리의 전통 밥상머리 교육과 한식의 우수성에 대한 특강을 했다. 이 학교는 kbs 추적 60분과 mbc 피디수첩에서 학생들의 창의적인 전원학교로 소개된 바 있고, 권위 있는 환경상인 교보생명환경문화대상을 받기도 했다. 현재는 정부로부터 전원학교로 선정되어 특별지원을 받고 있으며 한국 교육의 미래와 희망을 키워가고 있다.

또한 거산초등학교는 나의 환경교육운동의 꿈이 시작되어 전국으로 퍼져나가 열매를 맺은 학교이기도 하다. 1989년 음식물 쓰레기를 이용한 발효생균사료 연구로 제6회 천주교 환경상(과학기술상)을 받은 뒤 환경교육을 위해 '환경십계명', '지구를 위하여', '김치된장청국장'등의 환경노래를 만들었다. 마침 천안아산환경연합의 차수철 사무국장이 운영위원장인 나에게 거산초등학교의 최은희 선생님을 소개해주면서 거산의 환경교육을 도와달라고 부탁했다. 나는 자문위원으로 함께 참여해 '환경십계명'은 물론 '지구를 위하여' 등의 환경노래를 이용한 수업을 처음으로 이 학교에서 시작했다. 이렇게 시작된 거산과의 인연으로 10년이 넘도록 매달 한두 번씩 학년마다 돌아가면서 지구온난화 문제와 좋은 먹을거리에 대한 특강을 했고, 학기 말에는 학부모들도 초청해 교정에서 환경음악회를 열어 감동의 무대를 함께 나누었다.

김영주 선생님, 이갑순 선생님, 박장진 교장선생님 등 참교육을 위해 밤새워 수업을 준비하고 열정적으로 아이들을 사랑했던 거산의 선생님들을 잊을 수가 없다. 환경십계명은 '노래하는 환경교실'이라는 제목으로 딸 인아와 함께 노래한 음반을 담아 출판되었다. 그 뿐만 아니라 혜민 스님의 명필로 새긴 비석을 교정에 세우고, 액자로 만들어 교실마다 걸어놓고 아이들에게 자연친화적인 삶의 기준을 가르치고 있다.

거산초등학교는 입시 위주의 경쟁교육과 패스트푸드 및 가공식품 때문에 시들어가는 아이들이 없다. 또한 거산초등학교로 인해 주변에 귀농하는 사람들이 늘어가면서 죽어가는 농촌도 되살렸다. 초창기에 참교육을 위해 몸과 마음을 바친 전교조 선생님 여섯 분은 기한이 되어 모두 다른 학교로 떠나셨지만 그들의 참교육 소망이 결실을 맺어 지금도 전국에서 많은 선생님들이 이 학교의 교육 방법을 배우기 위해 다녀가고 있다.

거산초 졸업반 학생들이 감사편지를 모아 묶은 책을 선물

교정의 환경십계명비

인아와 아빠가 함께하는 거산환경음악회

노래하는 환경교실

밥상머리교육-세살밥상운동

　요즘 강연과 방송을 통해 밥상머리교육 운동을 펼치고 있다. 물론 주제가는 '김치 된장청국장'이다. 세상을 살리는 밥상머리 운동을 줄여서 세살밥상운동이라고 부르는데, 세살 때 밥상에서 배운 것들이 여든까지 간다는 뜻으로 그만큼 어린 시절 밥상머리에서 부모님께 배운 말과 행동이 평생을 간다는 뜻이다. 나도 어린 시절 어머니께 받은 밥상머리교육이 오늘날 교육개혁운동에 뛰어든 동기가 되었다고 생각한다. 그러나 오늘날에는 경제활동으로 바쁜 아버지가 자주 자리를 비우고 어머니는 가정교육보다 입시교육에 매달리는 까닭에 우리나라에서 밥상머리 교육이 거의 자취를 감추었다. 오히려 일본에서는 음식 먹는 법을 의무적으로 교육해야 하는 식육법을 제정하고, 한 달에 하루를 가족이 함께 식사하는 날로 정해 그날은 회사나 학교에서 일찍 귀가한다. 이것은 1980년대 우리나라의 밥상머리교육을 벤치마킹했다고 한다.

　최근 한 방송사 제작팀이 100군데의 중·고등학교에서 전교1등 하는 학생들을 조사해보니 가정에서 식구들과 함께 식사하는 경우가 보통 아이들보다 2.5배나 높았고 더 정기적이었다고 한다. 공부 때문에 조금이라도 시간을 아끼려고 각자 식사를 하는 것보다 오히려 예전처럼 식구들이 밥상에 마주 앉아 음식을 먹으며 대화를 나누는 가정의 아이들이 공부를 더 잘 한다는 것이다. 가족이 함께하는 식사는 아이들의 정서를 안정적으로 발달시킬 수 있을 뿐만 아니라, 몸에 좋은 우리 한식을 먹어 뇌기능이 향상되기 때문이다. 아이들에게 밥 먹는 시간까지 아끼며 오직 공부만 하라고 하면 오히려 능률이 떨어질 수 있다.

　하버드대의 연구 결과 아이들의 어휘 능력은 독서보다 식사 도중 가족들과 나누는 대화를 통해 더 많이 발달한다는 사실이 밝혀졌다. 아이가 습득하는 2,000개의 단어 중 독서를 통해 얻는 단어는 겨우 140여 개인데, 가족 식사를 통해 얻는 단어는 무려 1,000여 개에 달했다. 가족이 모두 둘러앉아 식사하며 나누는 대화는 아이들의 언어 능력과 소통 능력을 키워주는 실천적 교육인 것이다. 밥상머리에서는 가족들이 서로 필요한 정보를 교환하고 어른들의 충고를 거부감 없이 전달할 수 있으므로 자연스럽게 사회성이 발달한다. 또한 가족간의 공감대가 높아져 성장기 아이들의 탈선도 막아준다. 미 컬럼비아대 약물남용중독관리센터(CASA)는 가족들의 공동식사 횟수가 많아질수록 청소년들이 흡연, 음주, 마약에 빠지는 비율이 줄어든다는 연구 결과를 발표했다. 가족식사는 아이들이 사춘기를 현명하고 건강하게 보낼 수 있도록 도와주는 소중한 청소년교육 시간인 것이다. 성공한 사람들은 대부분 가족식사 시간이 인생 수업의 '첫 교실'이면서 '최고의 교실'이었다고 고백하고 있다. 더구나 우리 한식은 세계적으로 최고의 건강음식으로 인정받아 한류문화의 한 축을 담당하고 있다. 한식은 대사를 촉진시켜 아이들의 두뇌효율을 향상시켜줄 뿐만 아니라 다이어트 효과도 매우 크다. 한식은 육류튀김 일색의 중국 음식이나 서양 음식과는 달리 가급적 열을 가하지 않고 나물이나 보쌈처럼 그대로 간장이나 된장에 무쳐 먹는다. 살아 있는 자연의 미생물들을 이용한 김치나 된장은 물론 청국장 같은 발효음식도 건강식품으로 각광받고 있다. 한식에는 가급적 자연을 조작해 영양가를 파괴하지 말고 유지하자는 무위자연(無爲自然)이나 서로 섞어먹어 다양한 영양을 섭취하는 상생(相生)의 가치관을 가장 확실하게 보여주는 우리의 소중한 자연철학 정신이 담겨 있다.

발효 미생물과 환경

미생물은 모든 생물의 조상이지만 아직도 고등생물인 동식물들과
함께 광범위하게 공존하며 지구 생태계를 떠받치고 있다. 미생물의
대사는 고등생물에 비해 훨씬 단순하다. 그러나 탄수화물이나 지방,
단백질 등의 유기탄소를 분해시켜 에너지를 얻는 기본 과정은 고등
생물과 마찬가지다. 이러한 대사기작을 바탕으로 유기물로부터 에너
지와 물질을 얻어 증식하는데, 특히 생물들의 사체를 분해시키는 등
지구 살림살이를 도맡아 하고 있다. 미생물은 이러한 분해작용의 일
환으로 각종 식품을 저장하는 동안 다양한 발효를 일으킨다. 발효는
식품의 풍미와 영양가를 높이고 저장 기간을 늘리는 등 식품의 가치
를 높여준다. 인류는 오랜 세월 동안 발효기술을 터득해 동양에서는

김치, 된장, 간장을, 서양에서는 치즈, 빵을 비롯하여 포도주나 코냑 등의 각종 고급 주류를 탄생시켰다. 요즘에는 이러한 식품 발효원리를 이용해 유기성 쓰레기를 자원화하는 환경기술이 개발되고 있다. 특히 생태계에 해로운 화학약품의 부작용에서 벗어나기 위해 오랫동안 인류가 안전하게 이용한 효모나 유산균 등의 발효 미생물들을 유기물의 재활용 처리나 악취제거 등 주위 환경을 개선하는 데 이용하고 있다.

발효식품과 미생물

지구 생태계는 다양한 생명체들이 서로 먹고 먹히는 먹이사슬로 이루어져 있다. 에너지가 들어 있는 물질인 유기체는 태양에서 흡수한 빛을 공기 중에서 흡수한 이산화탄소의 결합에너지로 이용해 포도당을 합성하는 식물의 광합성 작용으로 생성되었다. 이렇게 생긴 유기체들이 생물 고유의 에너지 이용체계인 DNA에 의해 신진대사와 자손을 만들기 위한 자기증식을 수행하며 복잡한 생태계를 이룬다. 자연 생태계 내에서 미생물은 모든 사체를 분해하고 산화된 원소들을 다시 공기와 흙으로 돌려보내는 청소부 역할을 한다. 이 과정이 바로 부패다. 즉, 미생물이 자기 증식에 필요한 에너지와 영양분을 얻기 위해 동식물 사체의 유기물질들을 분해하고 산화시켜 이산화탄소를 방출하는 것이다.

부패가 미생물의 작용으로 식품을 변패시켜 못 먹게 만든다면, 발효는 사람에게 이로운 식품을 만드는 데 이용된다. 물론 이것은 오랜 세월 동안 지역 특성에 따라 문화 요소로 자리 잡은 현상이므로 누구나 동일하게 판단할 수 있는 객관적인 기준이라고 볼 수는 없다. 발효나 부패 모두 효소의 작용으로 이루어지는 산화에 의한 분해 과정이지만, 중간 대사 생성물의 종류에 따라 발효식품의 성상과 향미에 큰 영향을 미친다.

발효식품은 음식의 예술이라고 칭송될 정도로 지역의 특징적인 맛을 이어가고 있고 몸에도 좋은 건강식품이어서 관광자원으로도 큰 역할을 한다. 이것은 지역마다 기후와 풍토에 따라 식재료의 종류가 다양하고 서식하는 미생물들도 그 종류가 서로 다르기 때문이다. 이 때문에 지구상의 장수촌들은 대체로 장류나 요구르트 등 발효식품을 즐겨 먹는 곳이 많다. 특히 우리나라는 발효왕국이라고 불릴 만큼 다양한 발효식품들이 있는데, 이것은 사계절이 뚜렷해 식재료가 풍부하고 생육 온도범위가 다양한 미생물들이 존재하기 때문이다. 한 조사에 따르면 우리나라의 100세 이상의 장수자들 역시 콩으로 만든 된장이나 김치 등 발효음식을 매일 상식하고 있다고 한다. 얼마 전 미국의 건강잡지 「헬스」는 세계 5대 건강식품으로 우리나라의 김치, 일본의 낫토, 인도의 렌틸콩, 스페인의 올리브유, 그리스의 요구르트를 꼽았는데 5가지 중 4가지가 발효식품이었다.

발효와 효소

발효는 좁은 의미로는 효모나 곰팡이에 의해 탄수화물이 유기산이나 알코올 등으로 숙성되는 것을 말한다. 발효는 부패와 달리 산소가 부족한 가운데 진행되어 유기탄소원이 불완전한 산화와 부분적인 환원 과정을 거쳐 알코올이나 유기산 등의 2차 대사 산물을 만든다. 이들 2차 대사 산물은 식품의 특징적인 맛을 내거나 다른 부패 미생물이 증식하는 것을 방지해 저장 기간을 늘리는 데 도움이 된다. 대부분의 발효식품은 미생물이 증식하면서 각종 향미성분을 만들 뿐만 아니라 비타민이나 필수 아미노산, 필수 지방산을 만들어내므로 영양의 보고다.

단백질을 많이 함유한 콩이나 우유를 발효시키면 단백질이 분해되면서 아미노산이 5~10여 개가 결합된 수많은 종류의 펩타이드를 형성하는데, 이것은 다양한 생리활성을 가진 기능성 식품원료로 각광받고 있다. 특히 대두 발효식품인 된장과 청국장은 항암, 항당뇨, 고혈압과 혈전 방지 등의 기능이 있는 펩타이드가 풍부하다. 이러한 유기물질의 분해 과정은 미생물이 분비하는 효소에 의해서 일어난다. 단백질이 주성분인 효소는 모든 생명체의 생명 현상을 이끌어가는 촉매 역할을 한다. 만일 생물체 내에서 효소가 분비되지 않는다면 신진대사가 정지되어 곧 죽게 된다. 소화 효소가 분비를 멈춘다면 섭취한 음식물은 분해되지 못하고 위장에 쌓이고, 생화학 효소가 분비되지 않는다면 영양분은 피와 살이 되지 못하며, 해독 효소가 분비되지 않는다면 체내에 독소가 가득 쌓일 것이다.

오늘날 만연하고 있는 암이나 당뇨, 간경화, 궤양, 뇌출혈 등은 바로 효소의 결핍으로 인해 대사 장애가 심화하여, 세포가 기능을 못하거나 인체 장기의 작동이 제대로 이루어지지 않아 나타나는 현상이다. 예를 들면 혈전 분해 효소가 부족할 경우 피가 엉기어 혈관을 막으면서 뇌혈관 장애, 고혈압, 동맥경화, 협심증 등이 생겨 중풍과 돌연사 등이 발생할 수 있다. 결국 사람의 건강은 인체 내에 존재하는 효소의 활성도에 따라 결정된다고 볼 수 있다. 따라서 효소를 만드는 재료가 되는 영양분, 즉 효소를 풍부하게 함유하고 있는 음식을 섭취하는 것이 중요하다. 그러나 요즘 많이 먹는 가공식품이나 인스턴트 식품, 패스트푸드에는 효소가 결핍되어 있다. 이 결과 대사증후군이 발생해 당뇨나 비만, 동맥경화, 고혈압 등 현대병이 만연하게 된 것이다.

발효식품은 미생물들이 만든 효소가 가득한, 그야말로 효소의 보고다. 체내에 효소 활성도를 높이려면 무엇보다도 미네랄과 비타민을 풍부하게 섭취해야 한다. 특히 철, 동, 아연, 칼슘, 마그네슘, 망간, 몰리브덴, 칼륨 등의 미네랄은 효소를 구성하는 중요한 성분이다. 그러나 가공식품과 패스트푸드는 가공하는 동안 분리공정이나 각종 정제공정을 거치면서 이러한 미네랄이 제거된다.

발효는 미생물이나 환경 조건에 따라 다양한데, 요구르트, 치즈,

김치 등을 만드는 젖산 발효가 대표적이다. 젖산균은 정장작용을 하며 특히 콜레스테롤을 낮추고 암을 막아주는 등 다양한 효과가 있어 장수식품으로 각광받고 있다. 젖산균은 각종 박테리오신을 비롯한 항균 펩타이드를 만들며 이것은 천연 항균제 역할을 해 동물의 면역력을 향상시킨다. 초산 발효는 초산균이 술 성분인 알코올을 산화시켜 생기는 반응으로 식초를 만드는 데 이용되며, 감, 사과, 포도, 천년초 등 다양한 탄수화물원을 이용한 식초들이 개발되어 피로를 푸는 식품으로 인기를 끌고 있다. 그밖에도 자연계에 널리 존재하는 효모나 곰팡이 등의 진균류가 각종 장류, 주류, 빵 등의 발효에 이용되어 왔다.

최근 청국장이 함유한 펩타이드의 다양한 생리활성이 밝혀지면서 큰 인기를 끌고 있다. 실제로 항암, 항당뇨, 항산화, 항혈전, 항고혈압 작용을 하는 펩타이드가 분리되면서 이러한 사실이 과학적으로 증명되었다.

식품발효균을 환경에 이용

식품의 발효를 주도하는 미생물들은 우리 인류가 오랫동안 발효식품으로 섭취해오면서 안전성이 입증되었고, 주로 전분 등의 탄수화물을 발효시켜 알코올이나 젖산, 초산, 구연산 등의 산을 생성해 특유의 향미가 있다. 또한 암모니아 등의 질소화합물이나 황화합물, 휘발성 유기산 등의 물질을 흡수해 먹이로 이용하므로 악취제거 효과도 있어 환경에도 널리 이용된다. 제주도의 감귤 농가에서는 미생물로 감귤을 재배한다. 어민들이 버린 생선 내장과 쌀겨를 미생물로 발효시켜 퇴비 대신 뿌리는 것이다. 그 결과 화학비료 때문에 오랫동안 죽어 있던 땅에 미생물과 지렁이가 살게 되면서 땅이 부드러워져 되살아났다. 그뿐만이 아니다. 돼지를 키우는 축사에 발효 미생물들을 뿌리면 악취가 사라지고, 사료에 첨가해 먹이면 돼지들이 건강하게 잘 자란다. 이들은 가축의 장내에서 유해균들의 증식을 억제하고 유익한 균들의 증식을 도우므로 가축용 정장제로 이용되는데, 이 경우 항생제를 먹이지 않아도 건강한 돼지로 키울 수 있다.

가축용 항생제를 과도하게 사용하면 육류나 육류 가공제품에 항생제 성분이 잔류하게 되고 내성균의 출현으로 면역력이 약한 환자들의 생명을 위협하고 축사 주변의 환경에도 악영향을 미쳐 사회적인 환경문제를 일으킨다. 또한 하수처리장에서 악취가 날 때 EM 등의 발효 미생물을 뿌리면 탈취제보다 효과가 좋고 비용도 훨씬 절약할 수 있다. 발효 미생물을 새우 양식장에 뿌리면 새우들이 먹고 남은 사료를 분해해 수질을 정화하므로 새우들이 건강하게 잘 자란다.

특히 여름철에 처리하기 곤란한 음식물쓰레기를 쌀겨와 반반씩 혼합해 김치나 막걸리 지게미를 조금 첨가한 뒤 며칠 발효시키면 김이 모락모락 나면서 악취는 사라지고 시큼한 술 냄새가 나는데, 동물들이 좋아하는 가축사료가 된다. 이 사료를 닭이 먹으면 건강해지고 계란의 수명도 길어진다. 또한 계란의 점도가 높아져 차지게 되며 맛도 훨씬 진하고 고소해진다. 돼지에게 먹이면 일반 배합사료만 먹여 키운 돼지와는 달리 콜레스테롤은 줄어들고 불포화지방산이 풍부해지며, 영양이 높고 맛이 아주 좋은 고기를 생산할 수 있다.

미생물은 생태계의 최하층을 지지해주며, 수백만 년 동안 인류에게 건강하고 안전한 발효식품을 공급해주었다. 과학의 발달이 시작된 이후 인류는 미생물보다 값싸게 대량 생산할 수 있는 화학물질에 의존해 살기 시작했다. 그러나 이제 화학물질 남용의 부작용으로 나타난 환경호르몬이 인체에 암을 일으키는 등 인류의 건강과 생태계를 위협하고 있다. 이 때문에 우리는 다시 미생물이 만드는 천연 효소에 관심을 기울이기 시작했다.

요즘 환경파괴 문제가 대두되면서 일본에서 건너온 EM 등 미생물 제재들의 환경 정화작용이 다시 사람들의 관심을 끌고 있다. 우리는 발효식품의 왕국으로 자처했듯이 우리 고유의 다양한 토착 미생물을 개발하는 일이 무엇보다 중요하다.

제4부

생활 속의 먹을거리 과학

현미보약

요즘 우리 학교 매점에서 현미 주먹밥이 인기를 끌고 있다. 김밥보다도 몇 배나 잘 팔린다고 한다. 그런데 이 주먹밥은 우리 집에서 아내가 개발한 비법을 전수해준 것이다. 아침에 아이들 밥맛이 없을 때 만드는 최고의 별미식이다. 유기농

현미 주먹밥

찹쌀현미와 오분도미를 절반씩 섞어서 만들면 차져서 잘 뭉쳐질 뿐만 아니라 톡톡 터지는 느낌이 들고 고소해 흰쌀보다 훨씬 맛이 있다. 더구나 주먹밥 속에 아이들이 좋아하는 참치나 김치를 넣고 겉

에는 김가루를 묻혀 영양가도 높아 아이들의 건강을 지켜준다.

요즘 현미잡곡밥에 관심이 있는 사람들이 늘고 있다. 그러나 현미밥은 거칠다는 생각 때문에 아직도 흰쌀을 좋아하는 사람들이 많다. 국민 영양조사(2001년) 결과를 봐도 흰쌀 섭취가 97퍼센트 정도에 이른다.

현미밥은 미량 영양소를 갖춘 보약이다. 현미밥을 권하는 이유는 비타민 B군과 미량 무기질의 충분한 급원이기 때문이다. 흰밥만 먹으면 부족한 영양소를 부식으로 따로 보충해야 한다. 그러나 보충이 완벽하다는 보장도 없다. 바쁜 현대인은 하루 중 외식을 한 끼 이상 하게 된다. 그래서 우리 가족의 아침 식사는 반드시 현미오곡밥을 준비한다.

학교에서 알레르기 증상이 있거나 과체중인 학생들과 상담을 하는 일이 잦다. 이때 최선의 도움말은 주식을 현미밥으로 바꾸라고 권하는 일이다. 학생들의 식사를 보면 대부분 균형 잡힌 식사가 아닌 경우가 많다. 이때 현미밥을 주식으로 하면 현저한 변화를 체감할 수 있다. 몸속의 세포가 충분한 미량 영양소를 얻고, 과체중인 경우 포만감을 빨리 느끼기 때문에 과식을 절제할 수 있다. 그런데도 학생들의 반응은 가족의 반대로 현미밥 고수가 힘들다는 것이다.

미국 터프츠대학교 영양역학 교수 뉴바이(Newby) 박사는 미국 임상영양학회지(2003년)에 발표한 연구보고서에서 다양한 식습관을 가진 459명을 조사했는데, 흰 빵 등 정제된 식품을 많이 먹는 사람은 통밀빵 등 통곡(全穀) 식품을 즐기는 사람에 비해 허리둘레가 훨씬 굵다는 사실을 밝혔다. 이 연구는 5개의 집단으로 나누었는데, 허리가 가장 굵은 집단은 흰 빵을 먹는 집단이었고 그 다음이 고기, 감자, 패스트푸드, 피자, 소다 등 섬유소가 적고 열량이 높은 식품을 즐기는 집단이었다. 반면 허리둘레가 가장 가는 집단은 고기, 패스트푸드 등의 선택은 극히 적고 통곡식, 저지방 유제품, 채소와 과일 등 열량이 낮은 식품을 선호했다. 이것은 통곡류 식품들이 신진대사가 잘 일어나 에너지로 모두 소모되어 내장지방으로 쌓이는 일이 없기 때문이다.

또한 나딘 새윤(Nadine Sahyoun) 박사팀은 60~98세의 건강한 535명을 조사했는데, 통곡식을 먹는 집단은 대사증후군의 증상이 적고 심혈관 질환의 발병률이 낮다고 2006년 미국 임상영양학회지에 발표했다. 즉, 이들의 연구 결과를 통해서 통곡식인 현미 위주의 식사를 하면, 비만을 비롯하여 심장병, 중풍, 당뇨병을 예방할 수 있다는 것을 알 수 있다.

어느 신문에 '비만인은 밥을 좋아한다'라는 기사가 나온 적이 있었는데, 이들이 먹는 밥은 물론 흰밥이다. 흰밥은 잘 씹지 않아도 되기 때문에 과식을 하게 된다. 따라서 좀 더 정확한 제목을 붙인다면 '비만인은 흰 쌀밥을 좋아한다'로 고쳐야 한다. 이들이 통곡식 위주의 밥을 오래 씹는 훈련을 하면, 과잉섭취로 인한 비만을 해결할 수 있다. 운동까지 하면 금상첨화다. 비만인들은 움직이는 것을 싫어하기 때문이다. 체중이 100킬로그램이 넘고 지방간이 있는 학생들에게 운동을 매일 하라고 권하지만, 담배 피울 시간은 있어도 운동할 시간은 없다고 한다. 현미 위주의 자연식을 하는 사람들은 열량을 염두에 두지 않아도 비만이 없다. 흰밥을 선호하면 과체중인 사람이 항상 열량 계산에 신경써도 체중이 잘 줄지 않는다.

통곡식으로 만든 음식은 잘 씹어야 삼킬 수 있고, 씹는 과정이 포만감을 주기 때문에 과식을 피할 수 있다. 또 통곡식에 풍부하게 들어 있는 섬유소는 GI(Glycemic Index, 당지수) 수치를 낮추는 역할을 한다. GI 수치가 높아 섬유소가 없는 식품을 섭취하면 혈당이 급히 올라가 인슐린 분비를 촉진하고, 이때 분비된 인슐린은 지방합성을 돕는다. 비만은 정제 곡류(흰쌀, 흰 빵, 흰 국수, 흰 밀가루로 만든 스낵, 과자 등)와 정제당(음료, 주스, 모든 가공식품), 정제 지방(모든 튀김, 기름진 음식) 섭취의 부산물로 생기는 문명의 산물이다.

현미밥이 주식인 한식은 반찬을 곁들이므로 균형식이다. 생채소를 곁들이면 상차림으로도 풍성하고 포만감도 주며 영양소를 충분히 갖춘 비만 예방식이 된다. 일반인이나 영양학자나 영양소를 눈으로 볼 수는 없다. 그러나 영양학자는 눈에 보이지 않는 영양소를 믿고 또 그 효과를 본다. 현미밥이나 흰 쌀밥이나 한 공기의 열량은 거의 같다(약 300칼로리). 그러나 열량이 같다고 해서 모든 것이 똑같지는 않다. 평소에 현미밥을 먹는 사람은 오후에 피곤함을 느끼거나 지치지 않는다. 세포가 충분한 영양소를 공급받아 자연스럽게 신진대사가 이뤄지고 에너지가 충분히 생성되기 때문이다. 평소에 흰밥을 먹거나 정제당을 즐기는 식생활을 하는 사람은 오후에 지치기 쉽다. 대부분의 사람들은 그 이유를 모르지만 영양학자의 눈에는 그들의 식사에 탄수화물은 충분하나 이것을 태우는 미량 영양소가 턱없이 모자라는 것이 보인다.

대부분의 한국인들은 쌀을 주식으로 열량의 60퍼센트 이상을 얻는다. 흰밥을 먹으면 섬유소를 별로 기대할 수가 없지만, 현미에서 얻는 섬유소의 양은 채소보다 더 많다. 연구소마다 데이터는 차이가 있지만, 예를 들면 현미밥 100그램당 섬유소의 양은 1.3그램, 흰 쌀밥은 0.4그램, 콩나물은 0.6그램, 시금치는 0.8그램으로 채소의 섬유소 양이 현미밥보다 더 적다. 한국인의 식사에는 반찬의 양보다는 밥의 양이 많다. 따라서 밥에서 얻는 섬유소의 양이 가장 중요하다. 게다가 동물성 반찬에는 섬유소가 없다.

현미밥이 거칠어 소화가 잘 안 되면 현미찹쌀밥이 좋다. 현미찹쌀과 쌀눈이 살아 있는 5분도미를 반씩 섞어 밥을 하면 고소한 맛 때문에 아이들도 흰밥보다 더 좋아한다. 물론 유기농 제품을 택해야 한다. 환경호르몬 문제의 70퍼센트 이상이 농약이기 때문이다. 이 현미밥으로 주먹밥을 만들면 맛있는데, 속에는 김치, 참치, 육류, 버섯 등을 다양하게 넣고 겉에는 김가루, 호두, 잣, 해바라기씨 등을 묻히면 고급음식으로 만들 수 있다. 오메가 3 지방산까지 풍부한 뇌 기능을 향상시키는 두뇌음식이 되는 것이다.

콩은 섬유소가 풍부한 식품이다. 100그램당 섬유소의 양이 현미보다 4배나 많다. 주식인 현미에 콩과 잡곡을 섞으면 섬유소의 양이 더욱 풍부해진다. 또한 쌀에 부족한 아미노산인 라이신과 콩에 부족한 메티오닌을 서로 보충시켜 단백질 이용을 높일 수 있다.

현미의 강층에 있는 섬유소와 그 외의 미량 영양소는 인슐린의 분비를 조절하고 탄수화물을 에너지로 변환시키는 데 중요한 역할을 한다.

현미는 피막이 강하고 탄력이 있기 때문에 물에 불려도 비타민 B군과 같은 영양소가 밖으로 빠져나가는 것을 막는다. 그러나 피막이 모두 도정된 흰 쌀밥만 먹을 경우 비타민 B군의 섭취는 거의 없다. 흰 쌀밥에 오랫동안 집착하면 결국 비타민 B군이 결핍된다. 부식으로 보충한다고 해도 현미만큼 완전하지는 않기 때문이다. 왕겨라는 겉껍질을 벗긴 현미의 속껍질은 영어로 '브랜(Bran)'이라고 부르는 강층(쌀기울)으로 영양소의 농도가 가장 높은 층이다. 가공 상태에 따라 단백질의 함량은 11.5~17.2퍼센트, 지방은 6.2~31.5퍼센트, 섬유소는 6.2~31.5퍼센트, 무기질은 8~17.7퍼센트나 된다. 현미의 무기질과 비타민 함량은 흰쌀의 3~5배다.

현대인의 만성피로, 신경쇠약, 불면증, 불안, 초조 등은 이러한 영양소들의 결핍에서 비롯되는 경우가 많다. 평소에 몸의 불편함을 느낀다면 우선 주식부터 바꿀 필요가 있다.

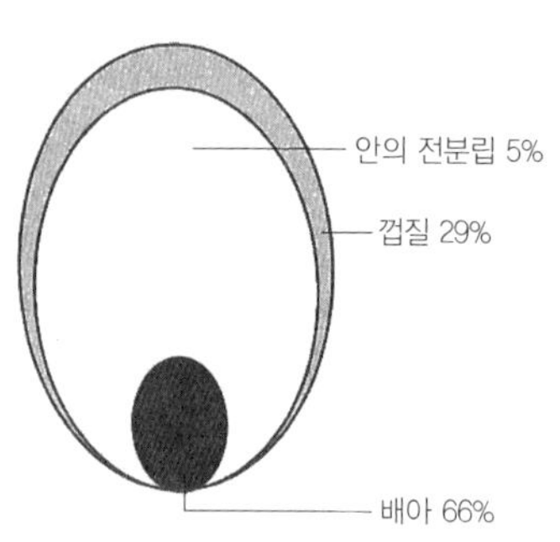

현미의 영양소 함유량

일본 군대의 각기병은 흰 쌀밥이 원인

각기병은 비타민 B1이 부족하면 생기는 질병인데 흰 쌀밥 위주의 식사를 하는 집단에서 주로 나타난다. 한 영문판 영양학 책에 따르면, 이 질병은 기원전 2600년경 중국에서 기록된 것이 발견되었다고 한다. 그 당시에도 흰쌀을 먹을 수 있는 특수층이 있었던 것이다.

각기병 연구에 유명한 다카키 가네히로(高木兼寬)는 영국에 유학한 일본인 최초의 해군 군의관이었다. 1881년에 일본 해군 군함 두 척으로 세계 일주를 시도하다가 군인들이 각기병에 걸려 도중 하선하는 일이 생겼다. 영국 해군에게는 각기병이 없는 점을 착안하여 그 다음 출항 때에는 흰밥 대신 빵으로 바꾸었더니 각기병 환자가 거의 없었다. 빵은 도정한 흰 밀가루로 만들더라도 이스트로 발효한 식품이기 때문에 비타민 B1이 보충된다. 빵이 인기가 없어서인지, 일본 해군은 보리밥도 효과가 있음을 발견하고 빵에서 보리밥으로 바꾸었다고 한다.

그런데 독일로 유학한 육군 군의관 모리 린타로(森林太郎, 1862~1922)는 '각기병은 각기균이 원인'이라고 믿었다. 당시 군인들이 너무 흰쌀을 선호했기 때문에 많은 각기병 환자를 만들어냈다는 것이다. 러일전쟁(1904~1905)에서 7만 8,000명의 전사자 중 총상으로 죽은 군인은 8,000명인데, 각기병으로 사망한 군인은 7만 명이라고 한다.

쌀눈에서 비타민 B1을 추출한 것은 1911년이었다. 그 당시 쌀눈에 각기병 치료물질이 있는 것을 간파한 의사가 환자에게 쌀겨를 권했을 때 동물 사료를 먹인다며 섭취를 거부했다는 일화도 있다. 한 일본 학자의 현미와 흰쌀에 관한 연구를 보면, 현미를 씻어 밥을 한 경우에는 비타민 B1의 양이 3분의 2로 감소했다. 그러나 흰쌀은 비타민 B1이 현미의 5분의 1밖에 없는데, 그나마 씻는 과정에서 모두 씻겨나가 남는 것이 없었다. 이것은 비록 비타민 B1 하나만 측정한 것이지만, 다른 수용성 영양소도 마찬가지다.

3대까지 가는 생활습관병

현대인들은 풍요롭고 편리한 생활 덕분에 운동 부족과 같은 잘못된 생활습관을 갖게 되었다. 하루의 대부분을 앉아서 일하거나 움직이지 않고 보내는 생활방식과 간편한 인스턴트식 식생활은 현대의 선진화된 문화권에서 공통적으로 발견되는데, 이는 비만을 비롯한 여러 가지 생활습관병의 발병에 주요한 원인이 되고 있다.

미국의 한 조사기관이 75세 이전 사망에 영향을 미치는 요인을 조사했다고 한다. 그 결과는 유전 20퍼센트, 환경 20퍼센트, 의료서비스 8퍼센트였는데, 생활습관은 무려 52퍼센트에 달했다고 한다. 질병별로는 암, 당뇨, 뇌졸중 등이 있고, 그밖에 교통사고, 알코올성 간염도 큰 비중을 차지했다. 암과 당뇨를 비롯한 질병들을 '생활습관병'이라고 부르는 이유가 바로 여기에 있다. 생활습관병이란 오랫동안 잘못된 생활습관이 지속됨으로써 야기되는 여러 가지 질환들을 뜻한다.

가족 가운데 심장병 환자가 있으면 자녀가 같은 병을 앓을 위험이 2배 이상 높아진다. 특히 흡연, 고지혈증, 고혈압, 비만, 운동 부족 등의 요인이 가족력과 합쳐지면 발병 위험은 더 커진다. 당뇨병은 부모 1명에게만 나타나도 자녀에게 발병할 위험이 15~20퍼센트 높아진다. 부모 모두 당뇨병 환자일 때는 발병 위험이 30~40퍼센트나 상승했다. 또한 고혈압도 가족력의 영향이 크다. 부모의 혈압이 정상이라면 자녀가 성인 이후 고혈압 환자가 될 가능성은 4퍼센트에 불과하다. 하지만 부모 중 한쪽이 고혈압 환자일 때는 30퍼센트, 2명 모두 환자라면 50퍼센트까지 자녀의 발병 위험이 높아진다. 어머니가 골다공증 환자인 경우 딸에게 똑같이 발병할 가능성은 일반인보다 2배에서 4배까지 높아진다. 이처럼 생활습관병은 특정 가족 구성원에게 유난히 취약한 질환이므로 우리 가족이 잘 걸리는 질환은 무엇인지 잘 파악하고 미리 예방하는 지혜가 필요하다.

중년 부부 중에는 남편과 부인이 모두 뚱뚱하거나 혈중 콜레스테롤 수치가 높은 경우가 있다. 이는 결혼 후 오랜 기간 같이 살면서 서로의 식습관이 비슷해지고, 운동 부족 등의 나쁜 생활습관을 공유하기 때문이다. 자녀도 부모의 생활습관을 그대로 따를 가능성이 높기 때문에 각종 만성질환에 노출될 위험도 커질 수밖에 없다.

전문가들은 일반적으로 3대에 걸친 직계 가족 구성원 중에서 2명 이상이 같은 질병에 걸린 경우 ‘가족력이 있다’고 판단한다. 이는 혈우병과 같이 특정한 유전 정보가 자식에게 전달돼 100퍼센트 발병 요인으로 작용하는 ‘유전병’과 분명하게 구분된다. 따라서 가족병은 그들이 공유하는 환경적 요인을 개선하는 데 집중해야 한다. 부모가 자녀들에게 금연, 적당한 음주, 규칙적인 운동, 절제된 식습관 등의 모범을 보여야 하는 이유가 여기에 있다.

고혈압에 대한 가족력이 있다면 과식이나 과음, 짜게 먹는 습관이 가족 전체에서 나타나는 경우가 많다. 당뇨병은 유전적인 요인도 일부분 영향을 미치지만 과식과 육식 위주의 식단을 멀리하고 꾸준한 운동으로 체중을 잘 관리하면 발병 위험을 낮출 수 있다.

골다공증은 가족 전체가 인스턴트 음식을 즐기거나 신체 활동이 부족할 때 발생한다. 따라서 균형 잡힌 영양소를 섭취할 수 있는 한식 위주의 식단을 유지하고 시간이 날 때마다 운동을 해야 한다. 특히 콜라는 인산이 다량 함유돼 있어 우리 몸에서 칼슘을 배출시켜 뼈를 약하게 만든다. 최근에는 남성들의 정자 수 감소 요인으로 작용해 콜라를 즐겨 마실 경우 불임이 된다는 연구 결과가 보도되기도 했다. 육식 위주의 단백질과 지방 과다 식단도 몸을 산성화하고 칼슘을 빼앗아가 뼈를 약하게 만든다.

만병의 원인, 비만

비만은 세계보건기구에서도 질병으로 구분하고 있을 정도로 위험한 생활습관병이다. 비만한 사람들은 당뇨와 고혈압 위험이 각각 2배, 1.5배 높고, 이로 인한 사망률도 함께 증가한다. 우리나라 인구의 43퍼센트가 과체중과 비만이며, 비만 치료와 사망 등으로 연간 2조 원의 비용이 든다.

비만의 주범 패스트푸드

세계 최고 장수촌이었던 오키나와는 전체 인구 중 비만 인구가 차지하는 비율이 40퍼센트로 일본의 전국 평균보다 14퍼센트가 높다. 또한 평균수명은 곤두박질쳤다. 원인이 무엇일까? 그것은 미군 부대의 영향으로 인구 10만 명당 8.2개의 패스트푸드점이 오키나와에 생겼기 때문이다. 그후 오키나와의 햄버거 지출 금액이 일본의 다른 지역보다 평균 46퍼센트나 높아졌다. 서구인들은 오랫동안 고지방식을 섭취해왔기 때문에 유전자가 적응해 있지만, 오키나와에 사는 사람들에게는 기름을 태우기보다는 축적하고 절약하는 유전자가 작용해 비만을 초래한 것이다. 이것은 학술적으로 '절약형질 가설'이라고 불리며, 똑같은 에너지가 들어와도 동양인들의 경우 에너지로 사용하기보다는 몸에 절약해두려는 경향이 있다.

일주일에 2~3번쯤 패스트푸드를 먹는 것은 대수롭지 않아 보이지만, 일주일에 2번 이상 패스트푸드를 먹는 성인은 거의 먹지 않거나 그보다는 적게 먹는 사람보다 4.5킬로그램 정도 체중이 늘고 인슐린 저항성은 2배 높은 것으로 나타났다. 인슐린 저항성은 당뇨병과 심장질환으로 이어지는 증상으로 당을 분해하는 인슐린이 제 기능을 못하게 되는 현상을 말한다. 패스트푸드가 비만의 주요 원인이라는 것은 이미 잘 알려진 사실이다. 미네소타 대학 연구팀이 18세에서 30세 사이 여성과 남성 3,000명을 조사한 결과 패스트푸드를 일주일에 2~3번 정도 먹는 사람은 15년 동안 16킬로그램 정도 체중이 증가했다. 반면 패스트푸드를 거의 먹지 않은 사람들은 11킬로그램 정도 늘어난 것으로 나타났다. 연구팀은 "만성적인 질환의 위험이나 체중을 줄이기 위해서는 패스트푸드를 피해야 한다."고 강조하며, 패스트푸드를 주기적으로 자주 먹는 것은 건강에 큰 문제가 된다고 지적했다. 높은 칼로리, 섬유질과 미네랄 부족, 높은 지방 함유, 설탕, 전분, 많은 양의 소프트드링크 때문이다.

특히 패스트푸드점에서 인기를 누리고 있는 세트 메뉴의 경우는 한 끼 식사가 1,000칼로리 이상으로 하루 열량의 50~100퍼센트 정도를 차지한다. 한 끼만으로도 하루 열량을 다 섭취하거나 두 끼 이상 섭취하게 되는 것이다. 물론 비만의 원인을 모두 패스트푸드 탓으로 돌릴 수는 없지만, 패스트푸드를 자주 먹는 사람은 생활습관이나 라이프스타일이 좋지 못하다고 전문가들은 지적하고 있다.

청소년 비만의 위험성

IMF 이후, 미국에서 패스트푸드가 물밀듯 들어오면서 주변에는 비만과 과체중 아이들이 3~4명 중 1명에 이를 정도로 많아졌다. 더구나 우리 아이가 좀 통통하긴 해도 우량아라며 건강한 아이라고 착각하는 부모들이 많다. 수십 년 동안 이어온 분유회사 텔레비전 광고의 폐해 때문이다. '분유 먹어서 찐 살이니까 자라면서 빠지고 키로 가겠지' 하고 대수롭지 않게 생각한다. 그러나 소아 비만 3명 중 1명은 그대로 성인 비만이 된다. 더욱이 부모 모두가 비만일 경우에 자녀가 비만이 될 확률은 70~80퍼센트나 된다. 그러므로 유아기부터 아이들의 식습관을 잘 관리해주어야만 가족이 비만의 늪에서 벗어날 수 있다. 유전적인 요인도 자녀의 비만에 영향을 미치지만 더 중요한 원인은 부모의 식습관이 그대로 자녀들에게 답습되기 때문이다.

비만은 원래 남성은 체지방량이 정상의 25퍼센트 이상, 여성은 30퍼센트 이상인 경우로 정의한다. 그러나 실제 체지방량 측정은 매우 어려워 1997년부터 체중을 키의 제곱으로 나눈 값인 체질량지수(BMI, kg/m2)가 기준으로 널리 이용되게 되었다. 체질량지수가 18.5 미만이면 저체중, 18.5~22.9이면 정상, 23~24.9이면 과체중이다. 그리고 25~29.9가 1도 비만, 30이상이 2도 비만으로 중증이다.

한 연구 자료에 따르면 비만 청소년 10명 중 8명 가량이 고지혈증, 간 기능 이상 등 각종 성인병을 앓고 있는 것으로 나타났다. 전국 14개 중학교 3,615명의 학생을 대상으로 '청소년 비만 유병률과 합병증'에 대해 조사한 결과 비만 진단을 받은 587명 중 76.5퍼센트(449명)는 간 기능 이상, 고지혈증, 고혈당 등 1가지 이상의 비만 관련 합병증을 앓고 있는 것으로 밝혀졌다. 비만 학생의 간 기능 수치인 GOT와 GPT는 정상 학생보다 각각 10배, 13배나 높았으며, 고지혈증 위험도는 정상 학생의 4배에 달했다고 한다. 또한 고혈당 위험도는 5배나 컸고 고요산혈증 위험도도 비만 학생이 2배나 높았다.

아침을 자주 거르는 도시 거주 고교생의 콜레스테롤 수치가 그렇지 않은 농촌 고교생보다 높은 것으로 나타났다. 한양의대 예방의

학 교실팀이 서울 거주 고교생 525명과 경기도 양평군 거주 고교생 751명을 대상으로 생활습관을 조사한 데 따르면 서울 남학생의 9.6퍼센트가 아침을 먹지 않는 것으로 조사됐으나 양평군은 2.8퍼센트에 그쳤다. 여학생도 서울 6.7퍼센트, 양평군 2.6퍼센트로 유사한 경향을 보였다. 일주일에 아침을 한 번도 먹지 않는 학생의 경우 총 콜레스테롤 수치가 170.3mg/dl이나 된 반면 주 1~3회 식사를 한 학생은 157.5mg/dl, 주 4회 이상 식사를 한 학생은 155.9mg/dl로 아침식사를 하지 않을수록 콜레스테롤 수치가 높아졌다. 한 학생당 한 달 평균 외식 빈도는 서울이 9회, 양평은 7.3회로 나타났다. 한 학생당 한 달 평균 패스트푸드점 이용 빈도는 서울은 2.4회, 양평은 1.8회로 서울 고교생의 외식과 패스트푸드점 이용 빈도가 높았다. 이는 아침을 거르면서 패스트푸점 이용률은 높은 것으로, 서울 학생의 콜레스테롤 수치가 농촌보다 높은 주요한 원인으로 추정된다. 여학생의 경우는 규칙적으로 운동을 하고 있다는 비율이 서울은 8.1퍼센트, 양평군은 3.6퍼센트에 그쳤다. 남학생은 서울 22.7퍼센트, 양평군 34.9퍼센트로 나타났다. 흡연율의 경우 서울은 남학생이 10.3퍼센트, 여학생이 3퍼센트였고, 양평군은 남학생이 4.7퍼센트, 여학생이 1.1퍼센트였다. 비만도는 서울과 양평 학생들 사이에 별다른 차이가 없었으나, 전체적으로 여학생(11.3퍼센트)에 비해 남학생(20.4퍼센트)의 비만 비율이 훨씬 더 높았다.

만병의 원인 비만

몇 년 전 비만이 당뇨와 고혈압으로 발전되어 고생하던 친척 한분이 돌아가셨다. 문병을 가면 방에 악취가 진동했는데, 항생제를 써도 상처 부위가 잘 낫지 않았기 때문이다. 피부는 얇아지고 물에 퉁퉁 붙은 듯 부으며 발가락 하나 안 남고 썩어들어가 10여 년이나 고생하다 결국 뇌출혈로 돌아가셨다. 비만은 에이즈보다 더 무섭다는 당뇨병뿐만 아니라 고혈압, 심장병, 중풍, 동맥경화, 관절염, 담석증, 수면무호흡증, 관절염, 암 등의 합병증을 일으켜 환자를 죽음에 이르게 한다. 이는 비만이 피를 탁하게 만들어 대사 장애가 동시다발적으로 일어나는 대사증후군의 원인이 되기 때문이다.

비만은 지방과 설탕 함량이 높은 패스트푸드나 가공식품의 섭취로 인한 칼로리 과잉과 영양불균형, 운동 부족 등 잘못된 생활습관 때문에 생긴다. 여기에 흡연, 음주, 공해, 스트레스 등의 복합적인 영향이 겹쳐지면 당뇨병, 고혈압, 통풍 등으로 발전하며 나중에는 중풍, 뇌출혈, 심장병으로 사망에 이르게 한다. 특히 패스트푸드나 가공식품은 중성지방이 많은 육류 중심의 재료를 트랜스지방 함량이 높은 쇼트닝 같은 기름으로 튀겨 만들고, 콜라 등의 청량음료는 설탕 함량이 높아 지나친 칼로리 섭취의 원인이 된다. 그러나 에너지대사 필수 영양소인 철분, 칼슘 등의 미네랄이나 비타민, 효소, 식이섬유는 절대량이 부족하다. 그래서 대사가 활발히 일어나지 못해 체내

에너지 저장체인 아데노신삼인산으로 전환되지 못하고 지방으로 축적되어 비만이 촉진되는 것이다. 요즘 아이들이 체격은 크지만 지구력과 체력이 크게 떨어지는 것도 이 때문이다.

자연스러운 먹이사슬을 유지하는 야생동물들에게 비만은 없다. 그러나 자연의 먹이가 아니라 살을 찌우기 위해 자극적인 맛으로 가공된 사료를 밤낮 게걸스럽게 먹는 가축은 모두 비만이다. 그런데 자극적인 맛을 내기 위해 정제한 흰 밀가루와 지방이 많은 육류를 식용유에 튀겨 만든 패스트푸드를 즐겨먹는 사람도 마찬가지로 비만에 노출된다. 이런 음식은 가축사료와 다를 것이 없다. 이러한 가공음식은 식재료 고유의 향이나 맛, 색소 성분과 식이섬유들이 대부분 제거되거나 파괴된 것이다. 그뿐만 아니라 생물체라면 어디에나 들어 있는 당질과 지방질 등의 에너지를 추구하는 본능만을 자극한다. 다시 말해서, 가공식품은 에너지원밖에 없는 고칼로리 저영양식품인 것이다. 이런 식품들을 자주 섭취하면 마그네슘, 칼슘, 철분 등 미네랄과 식이섬유가 부족해 체내 신진대사가 원활하지 못하게 되고, 그 결과 대사병(Metabolic Disease)에 걸리게 된다. 특히 에너지대사가 저해되므로 당이 에너지로 전환되지 못하고 지방으로 쌓여 복부비만이 되며, 그대로 소변으로 배출되면 당뇨를 초래한다. 이러한 만성병에 걸리면 고지혈증과 이로 인한 합병증인 고혈압, 심장병, 뇌출혈로 결국 사망에 이른다. 또한 가공식품에는 인체의 면역력을 키워주는 피토케미컬류가 부족하고, 잔류 농약은 물론 각종 유해색소나 방부제 등 화학첨가물이 들어 있어 우리 몸에 아토피와 천식을 유발한다. 이처럼 우리 몸의 세포가 지속적으로 스트레스를 받으면 암세포로 변이하는 것이다.

'슈퍼 사이즈 미'

2004년 전 세계의 이목을 집중시켰던 미국 영화 〈슈퍼 사이즈 미〉는 한 달 내내 하루 세 끼를 맥도날드 음식만 먹는 극단적인 먹거리 실험을 통해 몸이 얼마나 망가지는지를 경고했다. 한국에서도 시민단체인 '환경정의'가 유사한 실험을 시작했으나 주인공인 윤광용(31) 씨의 건강이 급격히 악화되어 의사의 강력한 권고로 24일 만에 중단됐다. 하루 세 끼를 모두 맥도널드와 롯데리아 메뉴로 해결했고, 시간을 단축하기 위해 성인 남성 섭취 권장량인 2,500킬로칼로리보다 25퍼센트 높은 3,348킬로칼로리를 섭취한 대신 일반인 운동량의 2배에 가까운 하루 평균 9,500보 이상을 걸었다. 그러나 패스트푸드 식단의 지방 함량은 하루 지방 권장량(42∼56그램, 15∼20퍼센트)보다 2∼3배 높은 것이다. 윤광용 씨는 병원에서 1주일에 한번 정기검진과 2주일에 한번 정신과 검진을 받았다.

24일 만에 77.1킬로그램이었던 체중이 80.5킬로그램으로 3.4킬로그램이나 늘었는데, 근육양은 1.3킬로그램 감소한 반면 체지방은 5.2킬로그램이 늘어나 운동선수 수준이었던 체지방률이 1개월 만에 일반 여성 수준으로 급격하게 떨어졌다. 특히 간 수치(GPT)는 정상인 22IU/ℓ에서 75IU/ℓ로 3.40배나 높아져 간 기능이 크게 떨어졌다. 보통 4∼43IU/ℓ 정도가 정상인데 간에 염증이 생기거나 간세포가 많이 파괴되면 피 속의 GPT(간 세포 효소) 수치가 올라간다. GPT 수치가 높아질 경우 간염, 지방간, 간경변, 간암, 심근경색 등의 질병이 생길 수 있다. 한편 소금 섭취가 너무 많고 야채 섭취는 적어 비타민, 무기질, 섬유소의 부족 현상이 나타났다. 20일이 경과하면서 피로와 식욕감퇴, 가슴압박과 통증, 기침, 가래, 구취와 잦은 대변, 어깨통증, 두통 등의 증상과 약간의 우울증, 소외감 등 불안정한 정서가 나타났다. 건강검진을 해보니 지방 섭취량이 너무 많아 간 기능이 악화되고, 신장의 압박을 초래해 심전도 수치가 높아졌으며, 이로 인해 협심증으로 악화될 가능성이 크다며 담당 의사는 실험 중단을 권고했다. 약물 투여나 간염으로 인해 간수치가 급격하게 증가되는 경우는 있어도, 음식물 섭취만으로 이렇게 비정상적으로 증가한 경우는 드물다.

생활 속 건강 습관, 니트 다이어트

얼굴의 어원은 '얼꼴'로 혼의 모양 즉, 사람의 마음이 나타나는 창이라는 뜻이다. 그렇다면 우리의 몸은 생활습관이 나타나는 창이다. 무엇을 얼마나 먹고 어떤 신체기관을 많이 사용하느냐에 따라 몸의 체형이 달라진다. 수영선수는 어깨 근육이 발달하고 하체는 날씬해진다. 다리를 사용하지 못하는 장애인은 다리는 가늘지만 대신 어깨는 헤라클래스처럼 우람하다. 요즘 우리나라 사람들은 20년 전과는 판이한 모습을 하고 있다. 더욱 편리해진 생활방식과 점점 간편해지는 식생활 문화가 전반적인 체형 변화를 가져왔다. 사람들은 기름지고 자극적이며 열량이 높은 음식을 선호하지만, 활동량은 점차 감소하고 있다. 최근에는 현대화된 생활방식과 식생활 문화가 비만을 초래하고 동시에 다이어트 열풍을 몰고 오는 역설적인 현상이 일어나고 있다.

몸의 지방을 줄여 적절한 체중을 유지하기 위해서 하는 다이어트는 장기적인 계획과 꾸준한 실천이 필수적이므로 무엇보다 과욕은 금물이다. 따라서 다이어트 계획을 실천하기에 앞서 자신에게 적당한 계획을 세우는 것이 중요하며, 우선 실천할 수 있는 쉽고 간단한 방법부터 시작해야 한다. 결국은 평소의 생활습관이 몸의 모양을 만들기 때문에 적게 먹고 많이 움직이는 것이 중요하다.

비만은 만병의 원인이다. 비만은 관절염의 발병을 앞당길 수 있으며, 복부비만은 고혈압, 당뇨병 등 성인병의 직접적인 원인이 된다. 또한 심근경색, 협심증 등 심장혈관계 질환의 중요한 원인이 되며, 정상인보다 대장암, 유방암, 전립선암, 자궁내막암, 담낭암 등 일부 암의 발생률을 더 높인다. 따라서 비만 또는 고도 비만에 속한 사람들은 질환 발생의 예방 혹은 현재 이미 시행하고 있는 병의 치료 개념으로 접근할 필요가 있다.

비만은 단순히 체중이 많이 나가는 것이 아니라 체지방이 과잉 축적된 상태를 뜻한다. 몸은 수분, 근육, 지방으로 구성되어 있는데, 이 중 지방의 비율이 높은 상태가 비만이므로 단순히 외형적인 몸의 모양만으로는 판단이 쉽지 않다. 키에 비해 체중이 많이 나간다고 무조건 모두 비만이라고 할 수 없고, 마른 체형이라고 해서 비만이 아니라고 할 수도 없다. 편리함을 추구해온 현대 서구문명의 영향으로 운동 부족과 불균형한 식습관으로 인해 근육보다 체지방이 많은 사람들이 증가하고 있는데, 특히 팔과 다리는 가는데도 유독 복부에 지방이 많다면 마른 비만을 의심해보아야 한다. 다이어트는 종합적인 신체 재건축(Renovation)이며, 신체 내의 이상을 감지, 치유하여 내적·외적인 건강과 아름다움을 표면화하고 지속하게 하는 작업이다.

전력질주와 같은 무산소 운동은 주 에너지로 포도당 같은 탄수화물을 사용하지만, 조깅, 달리기, 수영, 자전거 타기, 에어로빅, 마라톤, 등산 등과 같은 유산소 운동은 지방을 태워 에너지로 사용하기 때문에 다이어트에 많은 도움이 된다. 체지방 감소를 목적으로 유산소 운동을 한다면 최소 20분 이상 지속해야 효과를 볼 수 있으며, 꾸준히 하는 것이 좋다. 적어도 주 3회 이상 운동을 해야 하며, 주 5~6회 운동을 하는 것이 이상적이다. 평소 꾸준히 할 수 있는 가장 좋은 운동은 걷기다. 걷기는 다이어트뿐만 아니라 성인병 예방과 골다공증 치료, 우울증 해소에도 도움이 된다. 특히 관절이나 심폐계통에 무리를 주지 않기 때문에 고도 비만자나 노인들에게도 좋은 운동이다. 정해진 시간에 주기적으로 걷는 것이 이상적이지만, 평소 걷기 운동을 습관화하는 것도 좋다. 가능하면 짧은 거리는 걷고 승용차보다는 버스나 지하철 타고, 엘리베이터나 에스컬레이터 대신 계단을 걸어 올라가는 습관을 갖는 것이 좋다.

운동을 하더라도 식이요법이 병행되지 않으면 몸무게를 효과적으로 감량하기 어렵다. 다이어트를 할 경우 식이요법은 매우 중요한 부분을 차지하며, 무리한 단식이나 소식은 건강을 해칠 수 있기 때문에 균형 잡힌 식단을 짜는 것이 중요하다. 흔히 손쉬운 다이어트 방법으로 절식이나 단식을 선택하는 사람들이 많지만, 이러한 방법은 요요현상을 일으키기 쉽다. 하지만 더 큰 문제는 총대사량을 감소시켜, 정상적인 하루 세끼 식사 식사만으로도 살이 쉽게 찌는 체질로 변할 수 있다는 사실이다.

효과적인 다이어트를 위해서는 고른 영양소를 섭취하되 당이나 지방질이 적고 식이섬유가 풍부한 저칼로리, 현미밥이나 통곡빵 등과 단백질 위주의 식단을 짜야 한다. 이러한 조건을 대체로 두루 갖춘 식단이 바로 우리 한식이다. 그러나 기름지고 맵거나 짠 자극적인 음식 대신 담백하고 싱거운 음식을 선택하는 것이 좋다. 포만감이 느껴지면 과감하게 음식을 거부하는 결단력도 필요하다. 불가피한 회식 자리에 앞서 오이나 물 등 수분이 많은 음식으로 포만감을 갖는 것도 도움이 된다.

해조류는 열량이 낮은 반면 무기질과 비타민, 식이섬유가 풍부하므로 충분히 섭취하는 것이 좋다. 그리고 채소와 과일도 부족하지 않게 챙겨먹어야 한다. 다만 과일이나 채소샐러드를 먹을 경우 양념이나 드레싱을 사용하지 않는 것이 좋으며, 드레싱이 필요하다면 레몬즙이나 식초, 요구르트 등을 이용한다. 족발, 라면 등은 열량이 높아 지방축적률이 높으며 습관성을 유발하기 때문에 체중 증가의 결정적인 원인이 되므로 피하는 것이 좋다. 찌개나 전골류처럼 염분이 높은 음식은 부종을 유발할 수 있고, 식욕을 높일 수 있다는 사실도 염두에 두어야 한다. 생수나 보리차, 녹차 등을 수시로 마셔 수분 부족을 막는 것도 중요하다. 차는 열량이 거의 없고 이뇨작용을 촉진하기 때문에 다이어트에 효과적이다. 특히 차 속의 카테킨 성분은 체내 에너지 소비량을 증가시켜 지방분해 효과가 있다.

요즘에는 비만 클리닉에서 약물주사 등 지방을 분해시키는 시술을 받거나 식욕을 감소시키고 대사량을 늘여주는 약을 처방 받는 사람들이 늘어나고 있다. 그러나 이러한 방법은 단기적으로 효과를 볼 수 있을지는 모르지만, 근본적으로 생활습관을 바꾸지 않는다면 그 효과를 오랫동안 유지할 수 없다. 다이어트는 단기간에 끝나는 것이 아니라 근본적인 체질을 개선해나가는 긴 과정이므로 일상생활 자체에 다이어트 습관이 들어 있어야 한다. 그래서 전문가들은 '니트 다이어트'를 추천한다.

니트 다이어트는 'Non-exercise Activity Thermogenesis(비운동성 활동 열 생성)'의 머리글자를 딴 것으로, 생활 속에서 칼로리 소모를 늘리는 습관을 들이는 것을 말한다. 같은 움직임이라도 활동량을 더 늘리는 방식을 택함으로써, 자연스럽게 칼로리 소모량을 늘리는 방법이다. 예를 들면 버스나 지하철 등 대중교통을 이용할 경우 서서 가는 것이 칼로리 소모가 높고, 이동 시에는 엘리베이터가 아닌 계단을 이용하는 것이 좋다. 텔레비전을 볼 때도 눕거나 소파에 기대서 보는 것보다 바른 자세로 앉거나 서서 보고 실내 운동기구로 운동을 하면서 보면 칼로리 소모에 더욱 효과적이다. 채널을 돌릴 때는 리모컨을 쓰는 대신 직접 움직이고, 휴대전화로 통화할 때도 왔다갔다하면서 받을 경우 제자리 걷기 운동 효과를 볼 수 있다.

결국 시간이 나는 대로 몸을 많이 움직이라는 뜻이다. 부지런한 습관을 들이면 에너지를 많이 사용하게 되므로 체지방이 형성될 수 없다. 이외에도 실내 온도를 약간 낮게 유지하거나, 수시로 몸에 힘을 줘서 열을 내는 것도 니트 다이어트의 한 방법이다. 쉽게 말해 편하고 간단한 생활습관을 조금 더 움직이고 조금 더 부지런해지는 방식으로 전환하는 것을 말한다. 가만히 앉아 있는 동안에도 우리 몸은 음식물을 소화시키고, 호흡하고, 체온을 유지하고, 뇌 활동을 하는 등 칼로리를 소모한다. 이렇게 하루 총 소비 칼로리의 대부분을 차지하고 있는 니트 칼로리를 증가시키면 기초대사량뿐 아니라 근육량을 증가시켜 운동을 하지 않아도 살이 빠지는 효과를 가져올 수 있다.

나이가 들면 아무리 열심히 다이어트를 해도 효과를 보기가 쉽지 않다. 특히 여성의 경우 폐경이 지난 후에는 여성호르몬인 에스트로겐의 분비량이 급격히 감소하기 때문에 남성 비만과 비슷한 형태를 보이게 된다. 이때 콩을 꾸준히 섭취하면 복부비만을 예방할 수 있다. 미국 버밍엄 앨라배마대 연구팀은 폐경이 된 지 5년이 지난 50대 여성들을 18명씩 두 그룹으로 나누고, 3개월 동안 꾸준히 콩으로 만든 음식과 우유로 만든 음식을 각각 섭취하게 한 뒤, 콩이 복부비만에 어떤 영향을 미치는지 관찰했다. 그 결과 콩으로 만든 음식을 섭취한 그룹이 우유로 만든 음식을 섭취한 그룹에 비해 복부지방이 크게 감소한 것으로 나타났다.

이는 콩 단백질 속에 들어 있는 이소플라본이라는 성분 때문이다. 콩의 이소플라본을 섭취하면 복부에 있는 지방을 축척하는 효소의 작용을 억제함으로서 복부비만을 예방할 수 있다. 그뿐만 아니라 콩 속에 들어 있는 사포닌도 지방과 콜레스테롤의 체내 흡수를 억제하고, 몸 안에 저장된 지방의 분해를 도와 체지방 대사를 조절하는 데 효과적이다. 일반적으로 이소플라본의 하루 평균 섭취량은 50~100밀리그램 정도인데, 두부 한 모에는 150밀리그램, 두유 한 팩에는 30밀리그램, 된장 15그램에는 5.5밀리그램 정도의 이소플라본이 들어 있다. 그러나 콩 맛을 내는 양념이나 콩기름 등에는 이소플라본의 함량이 적기 때문에 가급적 두부, 된장, 생콩 등으로 이소플라본을 섭취하는 것이 좋다.

식무구포(食無求飽), 거무구안(居無求安)

소수서원이 있는 선비의 고장 경북 영주의 김문기가 만죽재에 가면 거무구안(居無求安)이라는 글귀가 있다. 이는 공자의 논어에 나오는 말로 원래는 식무구포(食無求飽), 거무구안(居無求安)이 함께 나온다. 학문을 하는 선비는 배부를 정도로 많이 먹지 않고, 사는 데 있어서도 편안함을 추구하지 않는다는 뜻으로 감각적 쾌락을 경쟁적으로 추구하는 요즘 시대에는 맞지 않는 말일지 모른다. 선비는 자연의 아름다움을 바라보며 권력이 작용하지 않는 자연의 이치를 연구해 인간이 살아갈 길을 고민하였다. 자연과 더불어 풍류를 즐기는 것을 인격수양의 길로 생각했기 때문이다. 명상과 풍류를 즐기면서도 자신의 안위를 버리고 고난의 길인 현실비판을 택한 선비의 굳은 기개를 엿볼 수 있다.

인류는 불을 사용해 음식을 요리하고 자극적인 맛을 내는 음식을 대량으로 만들어 팔기 시작했다. 또한 편하게 살기 위해서 각종 도구를 만들고 자동차, 비행기, 우주선 등 문명의 이기를 개발했다. 세상은 일일생활권이 되었고 더욱 편리해졌지만, 오히려 사람들은 운동부족으로 비만, 당뇨, 심장병 등과 같은 대사병은 물론 각종 암으로 서서히 고통스럽게 죽어가는 신세가 되었다. 더구나 화석연료가 고갈될 만큼 기계문명이 발달하자 생활은 편리해졌을지 모르지만, 도로를 매우는 매연과 지구온난화로 생태계가 파괴되고 문명 차체가 멸망의 위기에 이르게 되었다.

예로부터 선조들은 이러한 현상을 경계하고 자연을 존중하는 마음을 가져야 한다고 가르쳤다. 노자는 두레박 같은 기계를 사용하면 편리하지만 지나치게 기계에 의존하면 순수함을 잃고 불성실해지며 자꾸 의존하게 되므로 경계해야 한다고 말했다. 매트릭스 철학이라는 용어까지 유행시킨 2003년의 영화 〈매트릭스〉는 200년 뒤 환경파괴로 폐허가 된 지구에서 컴퓨터가 결합된 인공지능기계가 인간들을 노예로 이용해 가상세계를 만들어 지배하고 있었다. 이미 2400년 전의 노자와 공자가 권력을 탐하는 인간들이 세상을 망가뜨릴 것을 걱정했는데 지금 이 상태가 지속된다면 현실화될 것이 뻔하다.

효과적인 비만 관리,
저인슐린 다이어트

밥을 먹으면 탄수화물이 포도당으로 분해되어 혈액으로 이동되고 혈당이 높아진다. 혈당량을 수치로 표시한 것을 혈당치라고 하는데, 음식물을 통해 탄수화물을 섭취하면 식후 혈당치는 당연히 상승하게 되어 있다. 대개는 식후 한 시간 정도에 가장 높은 수치를 기록하고 식후 세 시간 정도면 다시 낮은 수치로 떨어진다. 혈당치가 상승하면 인슐린이 분비되어 혈당을 근육이나 간에 글리코겐이라는 물질로 축적시킨다. 글리코겐은 필요에 따라 에너지원으로 사용된다. 이러한 과정을 통해 식후 상승된 혈당이 저하되면 인슐린 분비가 줄어들게 된다. 이와 같이 인슐린은 상승된 혈당치를 정상치로 낮추는데 중요한 역할을 하는 호르몬이다. 저인슐린 다이어트가 효과적인 이유는 힘들게 운동하는 것을 최소화하기 때문이다.

혈당치가 상승하면 췌장에서 인슐린이 분비되고 혈당을 낮추어 정상치로 되돌리는 역할을 한다. 그런데 인슐린은 혈당을 낮추는 역할 외에 지방을 축적시키는 작용도 한다. 그러므로 살을 빼기 위해서는 혈당치의 급격한 상승을 막아 인슐린의 분비량을 적게 하는 것이 좋다. 인슐린의 분비를 억제하기 위해서는 운동이 효과적이라고 알려져 있다. 그러나 더 중요한 것은 혈당치를 급격히 상승시키지 않는 식생활을 하는 것이다. 특히 좀처럼 운동을 하지 않는 사람의 경우 적절한 혈당 조절을 위해서는 급격한 혈당 상승을 가져오는 음식물을 피하여 인슐린의 과잉분비를 막는 것이 상책이다. 인슐린 분비를 조절하는 것은 비만이나 당뇨병 등 성인병의 예방 및 개선과도 깊은 관련이 있다. 이와 같이 인슐린의 분비량을 낮은 수치로 조절함으로써 체중을 관리하는 다이어트가 바로 '저인슐린 다이어트'다.

저인슐린 다이어트의 핵심은 GI 수치가 낮은 식품을 선택하여 먹는 것이다. GI 수치란 음식을 섭취했을 때 혈당이 얼마나 빠르게 올라가는지를 표시한 수치를 말한다. GI가 낮은 식품일수록 체중, 혈당, 중성지방 및 혈압을 낮추며 GI 수치 60 이하를 말한다. GI 수치 61 이상의 식품은 되도록 피하거나 양을 줄이면 혈당치를 낮게 유지할 수 있다. 우선 대표적인 식품들의 GI 수치를 기억해두는 것이 좋다. GI 수치를 음식 종류별로 정리하면 다음과 같다. 각 종류별 GI 수치를 알고 싶다면 302쪽 표를 참고하자.

밥, 면류, 빵류

프랑스빵이나 식빵은 GI 수치가 90으로 매우 높다. 쌀밥의 GI 수치도 84로 높은 편이다. 그러므로 빵은 잡곡빵으로, 밥은 현미밥이나 오곡밥, 잡곡밥으로 바꾸는 것이 좋다. 어쩌다 쌀밥을 먹게 되어도 반찬을 늘리고 밥의 양을 줄이는 방법으로 혈당의 상승을 늦추는 것이 좋다. 면류로는 라면, 우동, 칼국수 등이 GI 수치가 높으며 메밀, 파스타 등이 비교적 낮다.

채소류, 근채류

감자, 당근, 옥수수는 채소 중에서도 GI 수치가 높다. 저인슐린 다이어트 차원에서 생각한다면 강냉이 다이어트는 말도 안 되는 것이다.

육류, 어류

육류와 어류는 모두 GI 수치가 60 이하다. 다만 지방 함유량이 높아 체지방으로 축적되기 쉽기 때문에 먹는 양에 주의해야 한다. 살코기 위주로 섭취하는 것이 좋다.

콩류

콩류 중에서 팥 앙금을 이용한 경우에는 설탕 때문에 GI 수치가 높으므로 주의가 필요하다. 두부, 된장, 청국장, 콩비지 등의 콩을 이용한 식품은 GI 수치가 낮으면서도 단백질이 풍부하므로 짜지 않게 먹는다면 충분히 다이어트 효과를 기대할 수 있다.

유제품, 달걀

유제품이나 달걀은 GI 수치가 낮으므로 다이어트 식품이라고 할 수 있다. 다만 유제품 중 설탕을 넣은 음식이 많으므로 주의해야 한다. 설탕을 첨가하지 않은 유제품은 혈당치 상승을 늦추어주는 효과가 있다. 유제품은 단백질 식품이라 안심하기 쉽지만 유지방도 많이 함유되어 있으므로 양이 많지 않도록 하고, 특히 버터는 체지방으로 축적되기 쉬우므로 피하는 것이 좋다. 우유는 저지방 우유를 마신다. 우유 등 유제품은 엄밀히 말하면 동물성 식품이다. 인(P)과 황(S) 함량이 높은 동물성 단백질의 특성상 우리 몸을 산성화시키므로 적당히 섭취해야 한다. 수유기 외의 성숙한 동물이 새끼에게 줄 젖을 빼앗아 먹는 경우는 인간밖에 없다는 비정상적인 사실을 한번 생각해보자.

과일

GI 수치가 높은 과일은 파인애플뿐이라고 봐도 된다. 다만 통조림형 과일은 설탕 때문에 GI 수치가 높다는 사실을 잊지 말아야 한다. 과일은 설탕을 뿌리지 말고 그대로 먹어야 한다.

과자류

과자는 어떤 형태든 GI 수치가 높은 식품이다. 다이어트를 할 때
는 당연히 먹지 않아야 한다.

음료수, 알코올

알코올은 GI 수치가 낮은 식품이지만 간에 부담을 준다. 특히 몸
을 산성화시키는 역할을 하므로 피하는 것이 좋다. 술안주는 말할
것도 없이 대부분 살이 찌는 식품들이다. 음주를 피할 수 없는 경우
에는 GI 수치가 낮은 식품 안주를 먹도록 한다.

비만의 주범 옥수수 산업

미국의 식음료 제조회사들은 지난 30여 년 동안 단맛을 내기 위해 피자용 소스에서부터 콜라에까지 주로 사용하던 고과당 콘시럽(HFCS) 대신 설탕을 사용하기 시작했다. 2003년에는 설탕과 고과당 콘시럽의 소비량이 거의 비슷한 수준이었는데, 2007년 미국인 1인당 설탕 소비량은 19.9킬로그램인데 반해 고과당 콘시럽은 18.1킬로그램으로 나타났다.

미국 듀크대학팀의 연구 결과에 의하면 청량음료 형태로 고과당 콘시럽을 섭취하는 것은 소아청소년의 비만을 야기할 뿐만 아니라, 비알콜성 지방간질환이 있는 환자에게 간섬유화 발병 위험을 높이는 것으로 나타났다. 고과당 콘시럽은 옥수수 전분을 이용해 3개 효소와 가성소다로 여러 화학적 공정을 거쳐 생산된다. 고과당 콘시럽 대신 설탕을 사용하게 된 것에는 요즘 최소 가공 유기농 설탕을 선호하는 성향과 함께 버락 오바마 대통령의 부인인 미셸 여사가 자녀들에게 과잉행동장애를 일으키는 중독성 물질인 고과당 콘시럽을 먹이지 않겠다고 한 발언도 일조를 했다. 그러나 과학자들은 설탕이든 고과당 콘시럽이든 과다 섭취할 경우 둘 다 건강에 해롭다는 입장이다.

그동안 고과당 콘시럽이 주로 사용된 것은 옥수수 재배농 같은 대형 농산업에 대한 미정부의 보조금 지급 때문이었다. 1980년대 비만 인구가 급증하면서 비만을 초래하는 설탕에 대한 문제제기가 본격화되자, 가격도 설탕에 비해 20퍼센트 이상 저렴하며 수송이 편리한 장점 등이 복합적으로 작용해 당시 새로이 개발된 고과당 콘시럽이 대체품으로 각광을 받았다. 옥수수 기름을 짜고 남은 전분을 가수분해해서 원료로 이용하므로 일석이조였던 것이다. 미국 축산 대기업의 대량 사육이 가능해진 것은 순전히 옥수수산업 덕이었다. 옥수수는 화학비료와 기계로 대량생산이 가능한 작물이다. 특히 제초제에 강한 GMO 옥수수를 심고 제초제를 뿌리면 옥수수만 살고 잡초는 다 죽으므로 옥수수만 대량으로 수월하게 수확할 수 있다. 옥수수가 대량생산되면서 옥수수를 이용하는 부분을 크게 늘리다가 가축사료로까지 이용하게 되는데 사료로 쓰이는 옥수수의 비율은 거의 95%가 넘는다.

제주 동초등학교의
비만 치료반

몇 년 전 초여름 제주 동초등학교 이용중 선생님의 초대로 제주도를 방문했다. 이 선생님은 건강한 먹을거리에 대한 특강을 요청했고, 나는 학생들에게 '김치 된장 청국장' 노래와 식생활 십계명을 가르쳐 주었다. 특강이 끝난 뒤 이용중 선생님을 따라 아이들과 함께 주변의 산을 오르며 제주 동초등학교가 운영해온 '비만 치료반'의 활동을 직접 체험하게 되었다. 학교가 직접 나서서 비만 학생들을 적극적으로 치료하고자 한 이 시도는 우리나라에서 처음이었고, 매우 큰 효과를 나타냈다. 제주 동초등학교는 2004년부터 2~6학년에서 각 학년당 한 학급씩 다섯 반의 110명을 '비만 치료를 위한 기초체력반'으로 지정하고 시행해온 결과보고서를 얼마 전에 펴냈다. 이제 이용중 선생님은 '아이건강연대'라는 시민단체를 결성하고, 아이들의 건강을 지키기 위한 법적인 장치를 만들기 위해 구체적인 활동에 들어갔다.

이용중 선생님은 먼저 집에서부터 아이들의 생활습관을 고치기 위해 학부모들을 초청해 비만 방지를 위한 교육을 실시했다. 설탕 섭취를 최대한 줄이기 위해 과자나 아이스크림, 청량음료와 패스트푸드 등을 가능한 먹지 않게 하고 대신 정상적으로 세끼 식사를 꼬박꼬박 빠지지 않고 먹이도록 지도했다. 또 미네랄과 비타민 등 신진대사에 필수적인 영양소가 거의 제거된 흰쌀이나 흰 밀가루, 흰 설탕 등을 아이들에게 먹이는 것은 서서히 이루어지는 살인 행위와 다름없다고 강조했다. 이와 함께 학생들에게 하루 두 시간씩 주 4회 주변의 산을 오르는 등 하루 300~400킬로칼로리 정도의 감량 효과가 있는 운동을 하도록 했다.

약 1년 동안의 운영 결과를 보면, 모두 과체중 이상이었던 110명의 학생 가운데 고도 비만이 11명에서 1명으로, 중등도 비만이 40명에서 29명으로 줄어들었고 27명이 정상체중으로 돌아왔다. 그리고 참여 학생들의 평균 키는 4.66센티미터가 컸는데, 몸무게는 오히려 4.35킬로그램이나 줄었다. 이에 따라 학생들의 체력 변화도 눈에 띄게 나타나 6학년생들의 경우 오래달리기(1,000미터)가 3월에는 342.3초였는데 12월에는 288.4초로 향상됐고, 윗몸 일으키기는 28회에서 47.3회로, 윗몸 앞으로 굽히기는 9.5센티미터에서 18센티미터로 크게 향상되었다.

어린이들의 성장기 지방세포는 암세포처럼 무한 증식할 수 있는 유일한 정상 세포다. 세포 수는 일정하지만 세포 크기가 커지는 '지방세포 비대형'인 어른들과는 달리, 지방세포의 크기는 다 같은데 세포 수가 증가하는 '지방세포 증식형'인 것이다. 어린 시절 지방세포의 수를 불려놓은 아이들은 나중에 몸무게가 150킬로그램이 넘는 코끼리형 거대 비만 환자가 되기 쉽다.

최근 이용중 선생님은 아이건강연대의 사무총장으로서 학생들의 비만 방지를 위한 특별법 제정을 추진 중이다. 학생들의 비만을 줄이기 위한 캠페인성 정책은 여러 차례 발표됐지만 법을 제정하는 것은 이번이 처음이다. 「학생 체력증진 및 비만 관리에 관한 법률안」에서 '국가 및 지방자치단체는 학생들의 체력증진 및 비만 관리에 관한 시책을 강구해야 한다'며 학생 비만 관리를 국가나 지자체의 의무사항으로 규정하고 있다. 지금까지 학생들의 체력 관리는 학교장의 책임이었기 때문에 구체적인 정책으로 이어지지 않는다는 지적이 있었다. 이 법에 따르면 학교는 해마다 네 시간 이상 '비만 수업'을 실시하고 학생들의 체력·비만 조사를 실시한 뒤 이를 관할 감독기관에 보고해야 한다. 관할 감독기관은 경도 비만(표준체중의 120~129퍼센트)의 학생이 요청하면 비만 극복을 위한 교육 프로그램을 실시해야 하고, 중등도 비만(표준체중의 130~149퍼센트)이나 고도 비만(표준체중의 150퍼센트 이상) 학생들은 정규 또는 비정규 학급의 기초체력반으로 편성하고 신체활동과 생활습관을 교정하도록 해야 한다. 이용중 사무총장은 "학생 비만은 가정과 학교, 사회가 공동으로 협력하여 국가운영의 중요한 과제로 설정해야 한다"고 주장했다. 특별법이 제정되면 학생들의 체육활동이나 비만에 대한 구체적인 시책이 나올 수 있고, 비만뿐만 아니라 아토피 등 여러 질병에 시달리고 있는 학생들의 건강과 보건교육을 위한 총괄적인 법 정비의 계기가 될 것이다. 제주동초등학교의 비만 치료 프로그램이 전국의 많은 학교로 퍼져 성장기 비만 감소의 획기적인 전기가 되길 기대한다.

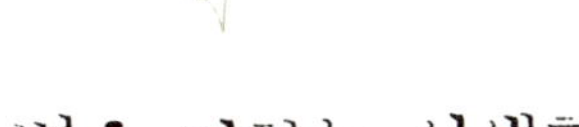

당뇨병을 피하는 식생활

당뇨는 더 이상 노인성 질환이나 희귀질환이 아니다. 그리고 어느 한 국가의 풍토병도 아니다. 21세기 현재 전 세계를 휩쓸고 있는 전염병이다. 세계 당뇨 인구는 1억 7,000만 명, 그러나 조만간 이 숫자는 2배로 늘어날 전망이다. 세계당뇨연맹은 앞으로 20년 후 전 세계 당뇨 환자가 무려 3억 6,000만 명을 넘어설 것이라고 경고하고 있다. 한국 또한 예외는 아니다. 국내 당뇨 인구가 이미 500만 명을 육박했으므로 10명 중 1명이 당뇨 환자다.

한국인 사망원인 2,3위인 심장병과 뇌졸중 뒤에는 당뇨가 숨어 있다. 당뇨 환자의 마지막은 뇌질환과 심장질환 합병증이기 때문이다. 미국에서는 뇌질환과 심장질환 사망자 중 80퍼센트가 당뇨였다

는 연구가 있다. 현재 한국의 당뇨 유병률은 이미 미국을 추월한 상
태다. 발끝 괴사부터 머리끝 뇌졸중까지, 혈액이 나오는 심장에서 혈
액을 정제하는 신장까지, 그리고 혈액 끝 발과 눈까지 한 사람의 몸
을 철저하게 망가뜨리는 당뇨가 정말 무서운 이유는 바로 이 합병
증 때문이다.

풍요의 나라, 비만의 나라 미국, 날로 늘어가는 당뇨 환자에 골머
리를 앓던 미국은 1997년부터 NDEP(Nation Diebetic Education
Program, 미국립당뇨병 교육 프로그램)라는 국가적 당뇨 예방 프로그램
을 시작하는 특단의 조치를 내리게 된다. 그후 현재 미국의 당뇨병
증가율은 일정한 수준으로 억제된 상태다. 하지만 유전적 취약성 때
문에 미국 내 비백인 인종의 그룹에서 당뇨병은 다시 급증하고 있
다. 신흥 당뇨대국인 중국은 최다 당뇨 환자를 보유하고 있다. 게다
가 증가율 역시 폭발적이다. 급속한 경제발전과 도시화가 당뇨 증가
율의 배경이다. 당뇨 전문병원이 세워질 만큼 당뇨에 관한 한 선진국
대열에 급속히 편입되고 있는 것이다. 또한 세계 최장수국이라는 타
이틀에 당뇨라는 먹구름이 드리우고 있는 일본도 예외는 아니다. 일
본 후생성의 2007년 국민건강 및 영양조사 발표에 따르면 당뇨 환
자와 예비 환자 측정치가 5년 전 1,620만 명에 비해 36퍼센트나 증
가한 2,210만 명에 달했다고 한다. 세계 최고 1형 당뇨 발생국, 핀란
드에서는 최근 젊은 층에서 2형 당뇨 발생률이 무서운 속도로 늘어
나고 있다고 한다. 이대로 방치한다면 앞으로 10년 후 2형 당뇨 환

자가 70퍼센트 늘어날 전망이다. 그래서 당뇨 예방 10년 계획 프로그램을 들고 국가기관이 직접 나서고 있는 형국이다.

당뇨병은 췌장에 있는 랑게한스섬 베타세포가 분비한 인슈린이 너무 적거나 기능을 못해 미처 흡수되지 못한 포도당이 체내에 발생하면서 발병한다. 단지 당뇨에 대한 증상이 여기까지라면 문제가 없을 것이다. 그러나 이 같은 증상으로 시작되는 당뇨는 발끝이 썩어들어가는 폐혈증 등 온갖 합병증으로 소리 없이 사람을 죽음으로 이끌고 있다.

당뇨병환자는 40년 전까지만 해도 전인구의 1퍼센트 정도였지만 지금은 10퍼센트가 넘는다. 게다가 스스로 당뇨환자라는 사실을 모르거나 정상보다 높아 거의 당뇨병 단계에 접어든 사람들을 합친다면 거의 20퍼센트 정도나 되어 1,000만 명에 이른다. 당뇨는 현대문명병이요, 생활습관병으로 막대한 사회적 경제적 손실을 가져오는 질환이다. 10년 뒤에는 환자가 다시 2배로 늘어날 전망이라고 한다. 30세 이상의 사람들 가운데 30퍼센트가 당뇨 환자라고 하니 그야말로 당뇨대란이다. 누구도 이 당뇨대란에서 자유롭지 않다.

당뇨로부터 자유로울 수 있는 방법은 적절한 운동과 음식 조절을 통해 당뇨를 관리하는 것뿐이다. 관리를 통한 예방만이 최선이라는 것이다. 당뇨는 완치가 어렵고 평생을 안고 살아야 하는 질병이므로 당뇨 예방에 대한 투자는 분명 아낄 수 없는 일이다. 당뇨는 다른 어떤 질환보다도 식생활과 밀접한 관계가 있다. 한 예로 제2차 세계대전 중에 식량 사정이 좋지 않았을 때는 당뇨병의 발병이 적었는데,

이는 당뇨가 총칼로리, 고단백, 고지방식과 밀접한 관계가 있음을 의미한다. 더욱이 당뇨는 환자의 3분의 1 가까이가 비만증으로 밝혀져 무엇보다도 어떤 밥상을 먹느냐가 관건이다. 당뇨를 예방하기 위해서는 여러 가지 식품을 골고루 먹으면서 절대 끼니를 거르지 말고 제때 알맞게 먹으며, 가공식품과 육류 및 지방이 많이 함유된 식품의 과다한 섭취를 피하는 것이 가장 중요하다.

미국 당뇨병협회에서는 당뇨 예방을 위해 무에 풍부한 식이섬유를 매일 섭취하도록 권장하고 있다. 당뇨는 인슐린의 작용이 부족해 포도당의 이용이 저하되어 생기는 병인데, 식이섬유는 당질의 소화 흡수를 억제하고 적은 인슐린 분비량으로도 당분의 흡수를 도와주므로 식사 후 갑자기 혈당이 상승하는 것을 막아준다.

한편 대부분의 가공식품들은 식이섬유가 거칠다는 이유로 가공 과정에서 모두 제거하고 있다. 식이섬유는 장에서 당의 흡수가 서서히 일어나도록 도와주므로 급격한 혈당의 상승을 막아준다. 또한 가공식품에서는 식이섬유뿐만 아니라 해로운 유해산소를 중화시키고 각종 병충해를 막아주는 후라보노이드 등의 폴리페놀 화합물들도 함께 제거하고 있다. 폴리페놀 화합물이 내는 떫은 맛 때문이다. 이로 인해 혈관내벽이 쉽게 산화되고 굳어져 동맥경화가 생기며 고혈압, 심장병, 뇌졸중 등의 질병도 증가한다.

이미 당뇨병 진단을 받았을 경우에는 식이요법에 관한 일반적인 사항을 잘 숙지하고 있어야 한다. 당뇨병은 완치가 어려운 만큼 더 이상 악화되지 않도록 평소의 식생활을 잘 관리해야 하기 때문이다.

먼저 밥, 떡, 과일, 우유 등 당질이 함유된 식품을 항상 일정하게 섭취해야 한다. 또 설탕, 꿀, 물엿, 잼 등과 같이 당질이 농축된 식품들은 혈당을 빨리 올리고 혈당 조절을 어렵게 하므로 요리 시에 양념으로 조금만 사용한다. 대신 식초, 겨자, 계피, 후추, 생강이나 인공감미료 등을 이용한다. 그밖에도 매실 엑기스, 청량음료, 아이스크림, 과즙 음료 등도 당질이 농축된 식품이므로 조심해야 한다. 무엇보다 중요한 것은 섬유소가 많은 음식을 섭취하는 것이다.

앞에서도 강조했듯이 섬유소는 당의 흡수를 지연시켜 혈당 조절에 도움을 주며 공복감을 덜어주기 때문이다. 섬유소를 많이 섭취하기 위해서는 과일주스보다는 생과일을, 채소즙보다는 생채소나 나물 반찬을 먹는 것이 좋고, 도정되지 않은 잡곡을 많이 먹어야 한다. 또 고기나 생선을 요리할 때는 꼭 채소를 함께 사용하도록 한다. 콜레스테롤과 포화지방산이 많은 음식은 가급적 적게 먹어야 한다. 육류의 기름기, 껍질 및 내장, 버터 등은 콜레스테롤과 포화지방산이 많이 들어 있기 때문이다. 대신 생선이나 콩 및 두부, 식물성 기름 등을 이용한다.

마지막으로 합병증을 예방하기 위해서는 가능한 싱겁게 먹어야 한다. 가공식품과 염장식품은 염분이 높으므로 섭취를 줄이는 것이 좋다. 그밖에도 편식하지 않고 여러 가지 식품을 골고르 먹는 것, 식사를 거르거나 과식하지 않는 것도 중요하다.

당뇨약

세계 최초의 당뇨약에 관한 기록은 고대 이집트의 파피루스에 기록되어 있다. 푸른 납과 흙, 모래, 그리고 밀가루를 섞은 뒤 걸러낸 것을 나흘 동안 먹으라고 권한다. 16세기의 의사였던 파라셀루스는 달콤한 술이 당뇨에 최고라고 기술했다. 그러나 과학적으로 증명된 최초의 당뇨약은 인슐린이라는 혈당을 낮추는 호르몬으로 1921년 캐나다의 의사 프레데릭 밴팅(Sir Frederick Grant Banting)이 췌장에서 분리했다.

당뇨병은 1형(소아형)과 2형(성인형)이 있다. 1형은 인슐린을 분비하는 췌장의 베타세포가 완전히 파괴되어 인슐린이 나오지 않는 경우다. 2형은 인슐린이 분비되기는 하는데 양이 부족하거나 양이 충분해도 제 역할을 못하는 인슐린 저항성이 높은 경우, 그리고 간에서 포도당이 과다 생성되는 경우다. 당뇨 환자의 대부분이 2형으로 식사요법과 운동요법 등 생활습관 개선과 약물요법을 병행해야 한다. 조사에 따르면 당뇨 환자의 70퍼센트가 경구용 혈당강하제를 복용 중이고, 10퍼센트는 인슐린과 혈당강하제를 병행하고 있으며, 4퍼센트가 인슐린에만 의존한다. 2형 당뇨 환자에게 최초로 권하는 약은 글루세라나, 다이아벡스 등의 상품명을 가진 메트포르민으로 인슐린 저항성을 개선해주고 간에서 포도당이 과잉 생성되는 것을 막아준다. 다음 단계에서는 인슐린 분비 촉진제로 주사제인 인슐린과 설포닐우레아(디오닐, 글리클라지더, 아머릴 등의 상품명이 있다)와 인슐린 저항성을 낮추는 치아졸리딘(TZD: 아반디아, 액토스 등의 상품명이 있다) 등 3가지 약들 중 하나가 추가된다. 그러나 최근 아반디아는 심장병 발생 부작용으로 퇴출되었다. 인슐린은 입으로 먹으면 위장에서 즉시 분해되므로 주사해야 한다.

암을 피하는 식생활

사람이 살아가는 데 없어서는 안 될 3가지 요소로 물, 공기, 음식을 꼽는다. 이중 하나만 없어도 생명을 유지하기 힘들다. 사람은 물(양수)에서 태어나 물을 이용해 몸속 노폐물을 배출하며, 산소와 음식을 이용해 필요한 에너지를 생성하기 때문이다. 따라서 건강한 생활에는 깨끗하고 좋은 물과 산소가 풍부한 맑은 공기, 그리고 좋은 음식이 필수적이다.

특히 음식의 중요성은 동·서 의학을 막론하고 강조되어왔다. 서양 의학의 아버지 히포크라테스는 환자를 치료하는 데 있어 음식을 통한 자연 치유력의 향상을 가장 근본적인 치료법으로 꼽았다. 한의학에서는 '의식동원(醫食同源)'이라는 말로 음식의 중요성을 강조하고 있다. 관련 전문가들에 따르면 인체 암의 약 35퍼센트는 우리가 섭취하는 음식과 관계가 있다고 한다. 음식과 암의 상관성을 뒷받침하는 예로 대장암과 유방암은 육류와 지방 섭취가 많은 북미나 유럽국가에서 그 발생률이 높은 반면 곡류와 채소를 주식으로 하는 남미와 동양은 상대적으로 발생률이 낮다는 점을 들 수 있다. 식품에서 유래한 몇몇 발암(의심) 물질들은 실험동물에게 투여했을 때 종양을 발생시키고 암세포의 증식이나 전이를 촉진하기도 한다. 그러나 우리가 섭취하는 음식에는 암의 발생을 억제할 수 있는 성분들도 많이 포함되어 있다. 따라서 항암 성분이 들어 있는 음식을 잘 알고 자주 섭취한다면 분명 암을 피해갈 수 있을 것이다.

암을 예방하기 위해서는 다양한 과일과 채소를 섭취하는 것이 가장 좋다. 국립암센터 의료진과 영양전문가가 발간한 『암과 음식』은 암 예방을 위한 생활습관의 첫 번째 수칙으로 다양한 식품을 골고루 섭취할 것을 권고하고 있다. 그 다음으로 강조하는 것이 채소와 과일 섭취다. 이를 위해 끼니 때마다 김치 외에 2~3가지 이상의 채소 반찬을 먹고, 국은 되도록 채소국으로 하고 짠 국물보다는 건더기를 먹을 것을 권고한다. 장아찌나 조림보다는 나물, 생채 등으로 조리하며, 햄버거, 피자 등을 먹을 때도 샐러드를 곁들일 것 등의 생활습관화를 주문하고 있다.

이처럼 과일과 채소의 섭취를 강조하는 이유는 과일, 채소, 곡류 등에 함유된 피토케미컬이라는 물질 때문이다. 식물이 함유한 생리활성을 지닌 영양물질을 보통 피토케미컬이라고 하는데, 이 물질은 5대 영양소는 아니지만 건강을 유지하도록 돕는 역할을 한다. 항산화 작용, 해독 작용, 면역기능, 호르몬 작용, 항박테리아, 항바이러스 등의 다양한 기능이 있지만 아직 밝혀지지 않은 부분이 많다. 피토케미컬은 주로 과일과 채소의 색과 관련이 있어 다양한 색의 과일과 채소를 섭취하는 것이 암과 같은 만성질환에 걸릴 위험성을 낮추는 것으로 알려져 있다. 그러나 피토케미컬의 적정 섭취량에 대한 연구는 아직 충분히 나와 있지 않다. 미국 암연구소는 채소와 과일을 매일 다양하게 534그램 이상 먹으면 암 발생을 최소 20퍼센트까지 낮출 수 있다는 연구를 바탕으로 하루에 다섯 접시 이상의 채소와 과일을 섭취할 것을 권고한다.

지금까지 임상, 역학, 기초 연구를 통해 과일 및 채소의 섭취와 특정 암의 발생률에 반비례 관계가 있다는 증거가 계속 나오고 있다. 미국은 1991년부터 하루에 과일과 채소를 다섯 차례 이상 섭취함으로써 암은 물론 각종 성인병을 예방하자는 'Five-A-Day for Better Health'라는 캠페인을 꾸준히 벌이고 있으며, 실제로 그 효과를 보고 있다. 이 범국가적인 캠페인에는 미국 정부를 대표해 국립암연구소(NCI), 비영리 소비자재단, 자원봉사단체, 식품업계 등이 동참하고 있다. 이 운동이 처음 시작된 1991년 당시에는 미국인 중 8퍼센트만이 하루 다섯 서빙(Serving: 1Serving은 사과 반쪽, 주스 한 잔 정도의 양에 해당) 이상의 과일과 채소를 섭취했으나, 지금은 무려

5배나 증가한 36퍼센트의 국민들이 참여하고 있다고 한다. 또 미국은 2002년부터 국립암연구소 주관으로 좀 더 다양한 채소와 과일을 더 많이, 자주 섭취할 수 있도록 'Savor the Spectrum' 운동을 시작했다. 당시 국립암연구소는 무지개 색깔처럼 다양한 스펙트럼의 과일과 채소들로 구성된 가이드라인을 마련했다. 국립암연구소 측에 따르면 식물에서 유래한 약 40여 종 이상의 식품들이 암 예방 효과를 갖는 것으로 확인됐다고 한다. 대표적인 예로 마늘, 콩, 생강, 양배추, 브로콜리, 토마토 등을 들 수 있다.

암 예방제로 주목받고 있는 화합물로는 대두의 제니스테인(Genistein), 양배추에서 분리한 인돌-3-카르비놀(Indole-3-Carbinol), 녹차의 주항산화 성분인 EGCG, 브로콜리에 함유된 설포라판(Sulforaphane), 적포도 껍질에 들어 있는 레스베라트롤(Resveratrol), 토마토의 붉은 색소 라이코펜(Lycopene), 카레의 노란 색소 성분인 커큐민(Curcumin), 생강의 매운 성분 진저롤(Gingerol) 등이 있다.

녹차의 주 항산화 성분으로 알려진 EGCG와 토마토의 붉은 색소인 라이코펜은 세포 내에 축적되는 활성산소종을 제거해 세포 내 DNA가 손상되는 것을 막는다. 흡연 후 녹차를 마신 사람들은 담배를 피우고 커피를 마시는 사람들보다 염색체 손상을 훨씬 적게 받는다는 실험 결과도 있다.

하버드대학의 연구팀이 성인 남성 4만 8,000명을 대상으로 수행한 연구에 따르면 토마토소스가 들어 있는 식품을 전혀 먹지 않는 남성들은 일주일에 적어도 2번 이상 토마토소스가 함유된 음식을 먹는 사람들보다 21~34퍼센트나 높은 전립선암 발병률을 보였다. 또한 일주일에 10번 정도 토마토를 재료로 한 음식을 먹는 경우 전립선암 발생률이 거의 50퍼센트나 떨어지는 것으로 확인되기도 했다. 보스턴에 거주하는 109명의 여성들의 유방 조직에 토마토의 항산화 성분인 라이코펜의 농도가 높을수록 유방암에 걸리는 위험이 덜한 것으로 조사되기도 했다.

라이코펜은 토마토의 단백질 및 섬유소와 강력히 결합하고 있기 때문에 토마토를 날로 먹어서는 충분한 양이 체내에 축적되지 못한다. 대신 조리를 하면 라이코펜이 쉽게 분리될 수 있으며 특히 식용유는 라이코펜의 흡수를 도와준다고 한다. 스파게티를 먹을 때는 토마토소스를 듬뿍 넣고 약간의 올리브 오일이나 치즈를 뿌려먹는 것이 미각을 돋을 뿐만 아니라 라이코펜의 흡수를 높이는 데 효과적이다.

마늘의 아릴설파이드, 양배추의 인돌-3-카르비놀, 브로콜리의 설포라판, 호두의 엘라그산(Ellagic Acid) 등도 발암물질의 대사 활성화를 억제하고, 발암물질들과 그 대사물들의 해독화를 촉진함으로써 암을 억제한다. 이밖에 고추의 매운 성분인 캡사이신은 위암 유발물질의 대사활성을 억제하며, 적포도주는 암세포의 증식에 필수적인 새로운 혈관의 형성을 억제함으로써 암세포를 죽인다. 또한 포도, 콩, 생강, 로즈마리, 당근, 카레는 암세포 증식에 필요한 혈관신생을 억제하고 암세포의 자살을 유도한다고 각종 논문에 보고되어 있다.

당근, 호박, 감, 피망 등에 들어있는 베타카로틴은 대표적인 항산화제로 노화방지 및 항암 효과가 탁월하다고 알려져 있다. 그러나 피해야 하는 경우도 있다. 흡연자가 베타카로틴을 과다 복용하면 오히려 폐암을 증가시킨다는 연구 결과가 있다. 다행히 딸기나 토마토, 수박 등에는 붉은 색소인 라이코펜은 베타카로틴보다 10배나 강력하게 암세포를 억제하는 항산화 물질이 풍부하다.

고등어와 같은 등 푸른 생선은 DHA와 EPA(불포화지방산)를 다량 함유하고 있다. DHA는 두뇌작용을 활성화시켜 동맥경화와 암을 예방한다. EPA 역시 암과 동맥경화를 예방하는데 회나 조림으로 먹을 때 효과가 더욱 크다.

반면 고기를 자주 구워 먹는 등 나쁜 식습관으로 생기는 지나친 지방 섭취는 암으로 가는 지름길이다. 중성지방과 콜레스테롤 함량이 높은 동물성 고지방 식사는 이로울 것이 없지만 특히 폐암, 대장암, 직장암, 유방암, 자궁내막염, 전립선암 등의 위험을 높이는 것으로 알려져 있다. 짜고, 자극적이고, 뜨거운 음식 역시 경계 대상이다. 소금 섭취가 많은 동양인들은 서양인에 비해 위암 발생률이 더 높은 것으로 보고된다. 한국인들이 선호하는 뜨거운 음식은 식도암의 원인이 될 수 있다. 세계보건기구는 뜨거운 음식이나 음료가 구강암, 식도암, 인두암 등의 위험을 높일 수 있다고 경고했다. 최근에는 비만이 암의 원인이라는 사실이 입증됐다. 따라서 암을 예방하려면 몸

관리를 잘해야 하는데 걷기 운동을 하면 유방암과 결장암 예방에 큰 도움이 된다. 하루에 한 시간 정도는 걷고 일주일에 1~2번은 땀이 날 정도로 유산소 운동을 하는 것이 암을 예방하는 빠른 길이다.

암 예방을 위한 맞춤 식이요법

식도암과 위암 예방에 좋은 식품

① 브로콜리 : 베타카로틴과 비타민 C가 풍부하다. 베타카로틴은 체내에서 비타민 A가 되어 점막을 정상적으로 유지하고 암세포를 정상으로 되돌리며 당근, 단호박 등에도 풍부하다. 비타민 C는 위암을 발생시키는 니트로소아민을 무력화시켜 암 발생을 예방한다. 올리브유에 살짝 데쳐 먹으면 베타카로틴 흡수율이 5배가량 높아진다.

② 양배추 : 위장 점막 재생을 돕고 출혈을 방지하는 비타민 U와 비타민 K가 풍부해 위궤양 치료에도 탁월한 효과를 낸다. 베타카로틴과 비타민 C가 항산화 효과를 주며 인돌, 스테롤 등 항암물질도 갖고 있다.

③ 레티놀(동물성 비타민 A) : 닭, 소의 간, 장어, 치즈, 버터 등에 많이 들어 있다.

대장암 예방에 좋은 식품

① 사과 : 아침 사과 하나는 만병통치약이라는 말이 있듯이 사과 껍질에는 펙틴과 식이섬유가 풍부해 변비를 예방하고 장 속 유산균의 증식을 돕는다.

② 고구마, 감자, 버섯, 해조류, 콩 : 식이섬유가 풍부해 장운동을 돕는다.

③ 요구르트 : 장에 좋은 유산균을 충분히 섭취하면 변비를 예방할 수 있다. 장 속의 발암물질을 빨리 배출할 수 있고 장 속에서 발암물질이 생기는 것도 막을 수 있다.

④ 등푸른 생선 : 고등어나 꽁치 등 등푸른 생선에 함유된 DHA(도코사헥사민산)와 EPA(에이코사펜타민산)가 암 발생을 억제하며, 암세포가 증식하거나 전이되는 것도 억제한다.

간암 예방에 좋은 식품

① 버섯류 : 버섯의 다당류가 면역기능을 높이지만 수용체이기 때문에 물에 오래 씻으면 녹아서 씻겨나간다. 따라서 음식으로 만들 경우 국물까지 먹는 것이 좋다.

② 키위와 레몬 : 비타민 C가 풍부해 항산화 작용뿐만 아니라 콜라겐 합성에 중요한 역할을 한다. 콜라겐은 면역력을 높이고 암세포 증식을 억제한다.

③ 된장 : 간의 해독작용을 돕고 간에 축적된 발암물질을 신속하게 배출시킨다.

폐암 예방에 좋은 식품

① 올리브유 : 폴리페놀, 올레인산, 비타민 E가 풍부해 폐암과 동맥경화 예방에 좋다.

② 토마토 : 비타민 C, 라이코펜, 베타카로틴이 풍부해서 항암 효과가 뛰어나다. 특히 붉은 색소인 라이코펜은 흡연자들의 폐암을 방지한다. 올리브유에 살짝 데쳐 먹으면 흡수율이 높아질 뿐 아니라 항암 효과 또한 배가된다.

③ 순무 : 유황화합물인 아이소타미노사이안산염이 폐암을 예방한다.

④ 엽산과 비타민 B12 : 다량 복용하면 폐암 전 단계에서 폐암으로 진행되는 것을 막아 정상 상태로 되돌린다. 닭, 소의 간, 돼지고기, 시금치, 감자, 콩, 아스파라거스, 브로콜리, 굴, 꽁치 등에 풍부하다.

유방암 예방에 좋은 식품

① 콩 : 여성호르몬인 에스트로겐과 비슷한 식물성 호르몬(Phytoestrogen)인 이소플라본이 들어있다. 이소플라본은 유방암을 예방할 뿐만 아니라 골다공증과 남성의 전립선염을 예방하는 효과도 있다.

② 브로콜리 : 비타민 C와 베타카로틴이 풍부해 유방암은 물론 다른 암도 예방하는 효과가 있다. 풍부한 크롬 성분이 인슐린 작용을 도와 당뇨병 환자에게도

좋다.

③ 토마토: 폐암에서 언급한 효과와 더불어 유방암을 억제하는 효과도 있다. 100그램에 20킬로칼로리밖에 되지 않아 다이어트 효과도 만점이다.

인류를 지구온난화의 재앙으로부터 구원할 가까운 먹을거리(Local Food)문화

　　우리나라 농산물들이 해마다 북으로 자리를 옮기고 있다. 사과는 대구에서 강원도 영월로, 추위에 약한 쌀보리도 아산에서 강화로 올라갔고, 제주도 한라봉도 그 짙은 향기를 육지에 상륙해 내뿜기 시작했다. 보성이나 해남에서 녹색의 장관을 연출하던 녹차 밭을 이제는 강원도 북단의 산골짜기 고성에서도 볼 수 있게 되었다. 한편 5년 전 아산 부근에 처음 나타나 포도밭을 쑥대밭으로 만들고 북상하기 시작한 주홍날개 꽃매미가 이제는 경기 북부지방 DMZ 부근까지 진출했다. 본래 주홍날개 꽃매미는 중국 동남부에 서식하는 아열대 해충이다. 굳이 굶주린 북극곰이 녹아내리는 빙하에 올라탄 사진을 보지 않았더라도 우리 주변 식생의 변화만 살펴보아도 알 수 있을 정도로 지구온난화는 빨리 진행되고 있다. 2007년 봄, 전 세계 130여 개국 2,600여 명의 기후학자들이 모인 유엔 정부간기후변화협의체(IPPC)는 지난 100년 동안 지구 온도가 평균 0.74도 상승했으며, 앞으로 얼마나 더 화석연료를 사용하느냐에 따라 달라질 수 있지만 금세기 말에는 지구 온도가 6.4도까지 상승할 가능성이 있다고 밝혔다. 당장 지구의 표면 온도가 30년 안에 1990년보다 섭씨 1.5~2.5도 증가할 경우 개구리 같은 양서류는 사라지고 지구 생물종의 30퍼센트가 멸종 위기에 처할 수 있다고 내다봤다. 만일 6도 이상 상승할 경우 생물종의 90퍼센트가 멸종하고 인류 문명의 지속 가능성 자체가 위협 받을 수 있다. 이제는 세계의 모든 나라가 기후변화에 대처하기 위해 정기적으로 모여 대책을 논의할 정도로 지구 온난화 문제는 심각하다.

지구의 에너지는 대부분 태양의 복사열이다. 전자파의 일종인 햇빛이 식물의 탄소동화작용으로 공기 중의 이산화탄소를 고정해 유기에너지인 포도당을 만들고 전분이나 셀룰로오스 등으로 중합되어 식물체를 구성한다. 1차 생산자인 식물은 초식동물의 먹이가 되고, 초식동물은 육식동물의 먹이가 되며, 죽은 동물사체는 미생물의 먹이가 되면서 먹이사슬을 구성하고 생태계를 유지하며 진화해왔다. 우리 인간도 이 먹이사슬의 일부를 이루며 음식을 통해 얻는 유기에너지로 살아간다. 따라서 지구 생태계가 오염되면 우리 몸도 즉시 오염된다. 현대인들이 아토피, 암, 환경호르몬 등의 문제로 고통 받는 것은 바로 석유 문명의 산물인 화학물질들이 물, 토양, 공기를 오염시켰기 때문이다. 현대의 농업은 2차 대전 이후 대규모로 산업화되어 트랙터, 콤바인, 건조기 등 수많은 기계들을 이용한다. 백색혁명으로 일컬어지며 계절에 관계없이 수많은 종류의 채소들을 양산해내는 비닐하우스도 석유찌꺼기로 만들어졌고 석유나 석탄을 이용한 난방으로 실온보다 높은 온도를 유지한다. 계절에 관계없이 야채들을 온실에서 생산하려면 온도를 일정하게 유지해주어야 하므로 노지재배를 할 경우보다 10~50배 이상으로 많은 에너지를 투입해야 한다. 농약이나 비료는 물론 가공식품의 생산에는 방부제, 색소, 플라스틱 등 석유를 원료로 만든 유해 화학물질이 투입되며 이들을 생산하기 위해 에너지가 소비된다. 또한 가공식품을 멀리 운반하기 위해서는 막대한 수송에너지가 소모된다.

노지재배와 가온(촉성)재배의 CO_2배출량

(단위: g)

품목	단위	노지재배(A)	가온온실재배(B)	이산화탄소 배출량비(B/A)
토마토	1kg	42.0	1,948.1	46.4
오 이	750g(5개)	50.8	1,584.7	31.2
참 외	2kg	205.2	5,579.9	27.5
수 박	7kg	461.3	7,346.1	14.5
고 추	300g	201.7	1,943.7	9.6
딸 기	1kg	189.6	9,069.1	47.8

(자료 : 한살림 서울)

품목	재배조건	이산화탄소 배출량	이산화탄소 배출량비 (A/B)
밀	관행(A)	710	2.8
	유기(B)	280	
겨울보리	관행	620	1.9
	유기	320	
봄보리	관행	650	1.6
	유기	400	
귀리	관행	570	1.5
	유기	390	
호밀	관행	720	1.2
	유기	620	

(자료: Nielson, P. H. et al. 2009, www.lcalfood.dk)

식품이 여러 단계의 유통경로를 거치게 되면 장거리 수송과 장기간의 저장기간이 필요하다. 이 때문에 끝까지 상품성을 유지하려면 수확 후에도 각종 농약처리와 과다 포장을 해야 하고, 냉장차를 이용해야 한다. 자연히 석유 에너지의 소모가 증가할 수밖에 없다. 수만 킬로미터나 멀리 떨어져 있는 지구 반대편에서 생산된 농산물도 계절에 상관없이 불과 열흘 안팎이면 우리의 밥상에 오를 수 있다. 그러나 이런 편리함은 온실가스가 많이 방출되는 복잡한 유통과정을 거쳐 나오는 것이기 때문에 수입산의 경우 국내산보다 보통 수십 배에서 100배 이상의 에너지 소비가 뒤따른다.

<h2 align="center">국내산과 수입산 식품의 이산화탄소 배출량 비교</h2>

품목	중량	국내산			수입산			
		원료산지	이동거리 (km)	이산화 탄소(g)	원료산지	이동거리 (km)	이산화 탄소(g)	이산화 탄소배출 량비
쌀	8kg	충남 아산	100	138	중국	1,234	711	5.2
밀가루	1kg	충남 아산	100	17	미국 토피카	20,062	993	58.4
메주콩	500g	충북 괴산	111	10	미국 스프링필드	19,736	468	46.8
식 빵	300g	전북 김제	230	9	미국 토피카	20,062	993	110.3
참다래	800g	경남 고성	337	47	뉴질랜드 테푸케	9,994	314	6.7

(자료: 한살림, 2009)

<h2 align="center">국가별 1인당 식품수입현황과 이산화탄소 배출량(2007년 기준)</h2>

	1인당 식품수입량(kg)	1인당 수입식품 먹을거리발자국 (ton.km)	1인당 이산화탄소배출량 (수입식품이동중 kg CO2)
한국	456	5,121	114
일본	387	5,462	127
영국	434	2,584	108
프랑스	386	869	91

석유로 기른 채소 거부해 지구 살리자

우리 몸과 땅은 둘이 아니라 하나(身土不二)라는 말이 있다. 우리 땅에서 자란 농산물이 우리 체질에 잘 맞음을 이르는 말이다. 땅에서 자란 음식이 바로 우리 몸이 되고 우리도 결국은 죽어서 흙으로 돌아간다. 신토불이(身土不二)는 〈동의보감〉의 '식약동원론(食藥同源論)'에서 유래한 말로 수입 농산물의 범람으로 우리 농업이 위협을 받자 농협 등 농수산 관계 기관에서 캠페인 용어로 사용하며 유행하기도 했다. 식품 생산 과정에서 많은 온실가스가 배출되는 원인 중 하나는 조금만 신경 쓰면 절약할 수 있는 많은 에너지가 그대로 버려지기 때문이다. 그러나 전통 방식의 순환농법인 유기농법으로 재배하면 자연 생태계에서 쓸모없는 쓰레기는 없다. 재배한 농산물은 사람이나 가축, 다른 동물들의 먹이가 되고, 소화된 후 남은 것은 다시 분뇨로 배설된다. 배설물은 거름으로 사용하므로 농작물의 먹이가 된다. 그런데 이런 자연적 선순환 고리를 고려하지 않고, 연결 고리의 외부에서 비료 같은 다른 영양원이나 석유 같은 다른 형태의 에너지를 도입해 사용하면 그 안에서 자연스럽게 배출된 유기물은 폐기물이나 폐수가 되므로 처리장을 설치하는 등 따로 에너지를 투입해 처리해야 한다. 과학적 연구 결과, 한식이 대사를 촉진시켜 당뇨 등 대사병을 예방해 우리 몸을 살릴 수 있다는 사실이 널리 알려지고 있다. 그런데 우리가 우리 땅에서 생산한 재료로 만든 우리 음식을 먹으면 지구도 살릴 수 있다는 사실을 아는 사람들은 그리 많지 않다. 지구촌 차원에서 볼 때도 지구온난화를 피해갈 수 있는 가장 좋은 방법은 각자 자기가 사는 고장 가까이에서 생산되는 지역음식(Local Food)을 먹는 것이다. 세계 여러 나라에서 거의 비슷한 형태로 팔리고 있는 패스트푸드, 과자, 청량음료 등 가공식품의 생산 과정이 지구온난화의 가장 큰 주범이라는 사실을 한 번이라도 생각해본 적이 있는가? 미국의 카길, 콘티넨탈, 몬산토 등 거대 식품기업들은 엄청난 양의 물과 석유, 기계와 농약을 이용해 GMO 옥수수나 대두를 값싸게 대량생산한다. 이것들은 가축사료로 이용되거나 전분, 식용유, 고과당 시럽 등 고열량 저영양 형태로 가공되어 전 세계 대부분의 나라에 수출된다. 그리고 수입한 나라에서는 이것들을 이용해 음료, 빵, 국수, 과자, 패스트푸드 같은 저영양 고칼로리 가공식품들을 만든다. 이로 인해 우리 몸은 비만, 당뇨, 암 등 각종 질병에 시달리고, 지구 환경은 온난화 때문에 병들고 있다.

우리가 매일 먹는 음식은 식물이 탄소동화작용으로 햇빛 에너지를 유기화학 에너지로 바꾼 것이다. 그러나 현대인은 음식을 만들기 위해 햇빛 이외에도 필요 이상의 또 다른 에너지인 석유나 석탄을 사용함으로써 너무 많은 에너지를 낭비하고 있다. 생산지와 소비지 사이의 벌어진 거리는 수송 에너지를 급증시킴은 물론이고 사람 사이의 신뢰 관계를 단절시키며 사람과 생태계의 공생관계도 끊어버린다. 따라서 생산자와의 직거래를 맺어주는 한살림 같은 유기농조합을 이용한다면 건강하고 가까운 먹을거리를 얻을 수 있을 뿐만 아니라, 이산화탄소 배출량도 줄여 지구사랑에 동참할 수 있다. 우리 연구실에서는 한살림의 요청으로 우리 콩 두유를 개발해 많은 회원들의 사랑을 받으며 건강에 기여하고 있다. 대부분의 대기업이 사용하는 수입 콩 대신 무농약 우리 콩으로 두유를 만들어 가까운 먹을거리를 실현시킨 것이다.

그렇다면 식품의 이동거리를 줄여 지구를 살리는 좋은 방법으로 무엇이 있을까? 우선 국내산 제철 식품을 애용하고 육식을 최대한 줄여야 한다. 더 나아가 음식 소비 자체를 20퍼센트만 줄여보자. 과식은 우리 몸에 유해산소를 양산하고 노화를 일으키므로 몸에 좋을 까닭이 없다. “나는 국내산 곡물만을 먹는다.” “공장형 축산법은 가축을 학대함으로써 스트레스호르몬이 축적된 고기를 생산하므로 건

한살림 수지매장

사업자 번호 : 142-82-00431
대 표 자 : 박연희
경기도 용인 수지구 풍덕천동 697-6
업   태 : 소매업
종   목 : 슈퍼마켓
담 당 자 : 관리자
전 화 번 호 : 031-263-7753
구 매 일 자 : 2009년04월10일 17:48:54
영 수 번 호 : 6 - 영수증 재발행
판 매 자 명 : 관리자

1 조선간장(0.9)-재래식간장)
     114   6,600   1   6,600

>>> 코드앞에 ※ 표시는 면세품목입니다.

과   세   6,000
부 가 세   600
면   세   0
구 매 계   6,600

현   금   10,000
거스름돈   3,400

밥상과 지구를 살리는, 가까운 먹을거리
줄인 이동거리 : 19,503㎞
줄인 CO2   : 137g
TV 2시간 형광등 16시간 사용한
전기량만큼 줄어셨습니다.

감사합니다.
출력일자 : 2009-04-10 18:00:28

강을 위해 공장형으로 생산된 고기를 절대 먹지 않는다." "쌀 한 톨도 버리지 않는다." 이렇게 나 자신과 지구의 약속을 정하자. 이 모든 일을 실천하는 가장 빠른 지름길은 오늘 당장 유기농생협의 회원이 되는 것이다. 일반 제품보다 30퍼센트 정도 비싸지만 제철 식품은 도리어 싸다. 또한 유기농 식품은 미네랄, 비타민 등의 영양가 함량이 높고, 음식 쓰레기로 나가는 양도 적어지므로 살림 비용을 아낄 수 있다고 본다. 필자의 경험으로는 유기농 음식을 먹어서 자연스럽고 담백한 입맛에 길들여지면, 우선 외식이 크게 줄어든다. 외식으로 먹는 음식은 식재료가 신선하지 않을 가능성이 크고 자극적인 맛이 강하기 때문이다. 장기적으로 가족들의 면역력이 높아져 병원 비용도 줄일 수 있고 두뇌발달이 좋아져 아이들의 학습 능률도 올라간다. 어느 지역이든지 유기농 비영리조합이 있으니 당장 인터넷으로 찾아 전화로 문의해보자. 한살림에서는 우리 농민도 살리고 지구도 살리기 위해 조합원들을 대상으로 가까운 먹을거리 운동을 펼치고 있는데 식품마다 절감된 이산화탄소량을 표시한 탄소라벨을 부친다. 이 운동은 영국에서 푸드 마일리지(Food Mileage)라는 이름으로 처음 시작되었다.

푸드 마일리지 운동

　영국의 소비자 운동가 팀랭(Tim Lang)은 1994년부터 '푸드 마일리지 운동'을 범지구적으로 전개하고 있는데, 이 운동은 가까운 지역에서 생산된 식품을 소비해 탄소 배출을 줄이자는 운동이다. 푸드 마일리지란 '생산지에서 소비지까지 식품 수송량에 수송거리를 곱한 수치(ton.km)'로, 식품 수송에 의한 환경부하량을 파악하기 위해 도입되었다. 이산화탄소 배출량(g-CO2/ton.km)은 푸드 마일리지에 온실가스 배출계수를 곱하면 나오는데 참고로 트럭이 173, 철도 22, 선박 39인데 비해 비행기는 1,490이나 된다.

　현재 우리나라의 식품 수입은 웬만한 선진국을 능가하는 수준이다. 2009년 6월 국립환경과학원 기후변화연구과가 발표한 자료에 따르면 우리나라를 비롯해 일본, 영국, 프랑스 등을 대상으로 한 각국의 수입 식품에 대한 푸드 마일리지 및 이산화탄소 배출량 산정 결과에서 한국의 1인당 식품 수입량은 456킬로그램으로 산정 대상국 중 1위를 차지했다. 이는 곡물에 대한 수입 비중이 높기 때문인데 2007년 기준으로 1인당 수입식품 푸드 마일리지는 일본, 한국, 영국, 프랑스 순으로, 한국과 일본은 곡물 푸드 마일리지가 가장 큰 것으로 나타났다. 전체적으로 한국의 1인당 수입식품 푸드 마일리지는 4개국 중 2위로 프랑스의 5.9배 수준이다. 따라서 식품 수송에 따른 온실가스를 줄이기 위해서는 산지 식품을 많이 소비해 수송거리를 단축해야 한다.

　한 예로 외국산 식빵 300그램을 먹을 경우, 푸드 마일리지로 계산했을 때 국산을 먹을 경우보다 무려 16배의 이산화탄소를 더 배출한다. 다시 말해, 국내산 밀이 269킬로미터 떨어진 경북 김제에서 서울로 오면 푸드 마일리지가 0.0807(ton.km)이고 이로 인한 온실가스 배출량은 20그램인데 비해, 미국 토피카 산 밀의 경우 2만

103킬로미터를 건너와서 푸드 마일리지가 6.0309(ton.km)가 된다. 온실가스 배출량은 무려 170그램으로 늘어나 가까운 우리 먹을거리를 택하면 이산화탄소 150그램이 줄고, 이는 보통 형광등을 18시간 동은 끄는 효과가 있다. 주로 아침에만 식빵을 먹어 일주일에 300그램을 먹는다면 1년에 9.2킬로그램의 이산화탄소를 줄일 수 있다. 이것은 소나무 세 그루를 심는 효과와 맞먹는다.

먹을거리 발자국(Food Mileage)과 온실가스 배출량

먹을거리 중량(ton)X이동거리(km)=먹을거리 발자국(ton.km)

먹을거리 발자국X온실가스 배출계수=이산화탄소 배출량(gCO2)

전기 1kwh=424g CO_2, 소나무 한그루는 연간 2.78kg CO2흡수

참살이 연구

우리 콩 두유와 비지 비스킷

우리 천연 항산화제&응용 미생물 연구실은 2006년 대표적인 유기농 생활협동조합인 한살림과 공동으로 '우리 콩 두유'의 개발연구 과제를 성공적으로 마쳤고, 현재 이 제품은 한살림 전국 매장에서 인기 상품으로 자리 잡았다. 우리 콩 두유는 화학첨가제가 전혀 들어가지 않은, 세계 최초의 조제 두유다. 수확과 함께 바로 냉장 저장한 순수한 양질의 우리 콩을 원료로 만들어진다. 일반적으로 두유에는 우유와 유사한 모양과 맛을 내기 위해 크림 형성용으로 식용유를 넣는데, 주로 콩기름을 쓴다. 우리 콩 두유에는 유화안정성을 높이기 위해 필수로 첨가되는 유화제인 모노글리세리드를 넣지 않기 위해 절반 수준의 미강유만을 첨가했다. 유화란 첨가한 미강유

항목	함량
열량(Cal)	42
수분(%)	90.8
단백질(%)	3.6
지방(%)	2.0
당질(%)	2.9
섬유(%)	0.02
회분(%)	0.5
칼슘(mg)	15
나트륨(mg)	2
인(mg)	49
철(mg)	1.2
Vit. B1(mg)	0.03
Vit. B2(mg)	0.02
Niacin(mg)	0.5

두유의 성분 분석표

가 우유크림같이 아주 미세한 입자 상태로 쪼개져 물에 골고루 녹아 뽀얗게 되는 것이다. 더 나아가 유화안정도를 높이기 위해 일반 두유보다 40퍼센트 정도 더 많은 원료 콩을 사용했는데, 이것은 콩이 가지고 있는 레시틴이나 각종 단백질들이 천연 유화제 역할을 하기 때문이다. 우리 콩이 수입 콩보다 무려 4~5배나 비싸기 때문에 두유 값도 조금 더 비싸지만, 들어간 콩의 양과 가격을 생각해보면 실제로는 일반 두유에 비해 오히려 싸다고 볼 수 있다. 이 때문에 우리 콩 두유는 일반 두유와는 달리 순수한 콩 자체의 진한 고소함이 뛰어나다. 또한 지방입자를 잘게 쪼개어 주는 균질과정(Homogenization)도 2단계로 균질압을 충분히 높여 가능한 한 아주 작게 쪼개지도록 조정해 제품을 마무리지었다. 마침 정식품에 근무할 당시 현장기사로 함께 일했던 이승정 씨가 프리랜서로 합류해 기계설비와 공정을 담당해준 덕에 양질의 최고급 두유를 만들 수 있었다.

두유는 우유를 먹으면 설사를 하는 영유아 등 유당불내증 환자에게 더없이 좋은 대용식이다. 두유에 함유된 3~4퍼센트 단백질 중 85퍼센트가 글리시닌으로 소화율이 모유보다 훨씬 높고, 성장에 필요한 리신, 트립토판과 맛을 내는 글루타민산, 영양소 대사에 도움이 되는 아스파라긴산, 충치를 예방하는 글리신이 풍부히 함유되어 있다. 두유의 지방에는 콜레스테롤이 전혀 없고, 오히려 다량의 불포화지방산을 함유하는데 혈관내벽에 침착하는 LDL 콜레스테롤을 녹여서 운반하고 제거하는 작용을 한다. 이탈리아의 한 연구팀의 연구에 따르면 하루에 두 번 두유나 두부를 먹으면 유해한 콜레스테롤인 LDL 콜레스테롤의 혈중치를 10퍼센트까지 낮출 수 있다고 한다. 국내 연구에서도 고지혈증 환자를 대상으로 두유의 공급 효과를 관찰한 결과 우유와 달리 허리와 엉덩이 둘레가 줄어들고, 과산화지질이 감소하였으며, HDL 콜레스테롤 농도는 증가해 혈중지질 수준이 개선되었다고 한다.

또한 두유는 혈압저하 효과가 있는데 경중증의 고혈압 환자 남녀 40명을 대상으로 하루 500밀리리터 씩 두 번 3개월 동안 두유를 공급한 결과, 우유 공급군과 비교했을 때 수축기혈압은 18.4±10.7mmHg, 이완기혈압은 15.9±9.8mmHg까지 감소되었다. 최근 두유는 DNA의 산화적 손상을 억제해 암을 예방한다는 사실이 과학적 연구 결과 밝혀졌다. 유당불내증이 있는 성인을 대상으로 DNA 산화적 손상에 대한 저유당 우유와 두유 공급의 효과를 살펴본 결과, 저유당 우유군은 DNA 산화적 손상이 증가한 반면 두유군은 감소했다. 한편 뇌세포의 사멸 속도가 갑자기 빨라져 나타나는 질병인 알츠하이머형 치매 환자의 뇌에서 아세틸콜린이라는 물질이 극적으로 감소했다는 최근의 연구 결과가 있다. 대뇌 활동이 활발할수록 아세틸콜린 소비도 많아지는데, 뇌의 노화방지를 위해 레시틴이 다량 함유된 콩 및 콩제품은 더할 나위없는 아세틸콜린의 보급원인 것이다.

두유나 두부를 생산하고 나면 비지가 부산물로 나오는데, 물을 제외한 고형분만 따지면 그 양이 투입된 콩의 약 3분의 1이 넘었다. 비지는 식이섬유를 다량 함유하고 있으며, 필수아미노산 함량이 두유보다 높아 영양가치가 높다. 하지만 80도의 높은 온도에서 마쇄된 후 콩물과 분리되어 식으면, 60도에서도 자라는 고온세균에 의해 단 몇 시간 내에 쉽게 변질된다. 당시 대규모 두부공장과 두유공장에서 나오는 비지는 근처의 축산업자들이 무료로 가져가 소에게 먹이거나 쉽게 부패되는 여름에는 폐수처리장으로 보냈다. 요즘에는 배출되는 즉시 건조해 사료첨가물로 파는데 건조 비용이 많이 들어가므로 석유 값이 올라가면 타산이 맞지 않아 지속적인 골칫거리다. 당시 공장에서는 비지가 하루에 200톤이나 나왔다. 나의 평생 소원 중의 하나가 식이섬유의 보고이자 양질의 단백질을 많이 함유하고 있는 비지를 고부가가치의 제품으로 재활용하는 연구를 해보는 것이었다.

우리 연구팀에는 마침 대학 졸업 후 5년 동안 직접 제과점을 운영

해본 경험이 있는 나이 든 대학원생이 있어서 두유연구가 끝나자마자 바로 비지를 이용한 비스킷 제조 연구에 착수했다. 비스킷을 만들려면 먼지 비지를 건조시켜야 가능했다. 건조시킨 비지 가루로 밀가루를 100퍼센트 대체했더니 제품이 너무 건조해 잘 부스러지고 먹을 때 가루가 많이 생겨 목이 메이는 단점이 있었다. 그래서 비지 가루에 밀가루를 15퍼센트 첨가했더니 2가지 문제가 동시에 해결된 양질의 비스킷을 만들 수 있었다. 이 비스킷은 부드럽고 맛이 고소해 아이들도 잘 먹는 성공적인 작품으로 특허도 받을 수 있었다. 그러나 안타깝게도 한살림 두유공장에서 나오는 비지는 당시 시작한 소의 유기농 축산을 위한 사료로 이용돼 사업화가 미루어지고 있다. 이 비스킷은 요즘 아토피의 원인 중 하나인 유해한 과자를 먹는 아이들의 건강간식으로 적합하다. 그러므로 콩비지 비스킷은 전국의 두유와 두부공장에서 나오는 많은 양의 비지를 이용해 고부가가치의 제품을 만들 수 있는 사회적 기업 프로젝트로 좋은 사업이라고 생각한다. 한편, 비스킷은 비지를 건조시켜야 만들 수 있는데 건조 비용이 꽤 들어가므로 건조하지 않은 채 케이크를 만들 방법을 궁리해보았다. 문제는 뜨거운 비지가 나오자마자 식으면서 고온균에 의해 금방 썩는 것이다. 그래서 부패를 방지하기 위해 식자마자 바로 유산균 발효액을 섞어서 발효시켜보았다. 이렇게 부패 방지 처리를 한 후 비지로 케이크를 만드니 비지가 상하지 않을 뿐만 아니라 유산 발효 덕분에 부드러운 치즈케이크와 유사한 맛과 향이 났다. 역시

이 비지 케이크도 아이들이 매우 좋아해 대성공했으나 아직 적당한 기업을 만나지 못해 생산 단계에는 이르지 못하고 있다.

특허
콩비지 쿠키 제조방법

비지 분리기

믹싱기

혼합탱크

살균기

처음 시범 생산한 우리 콩 두유

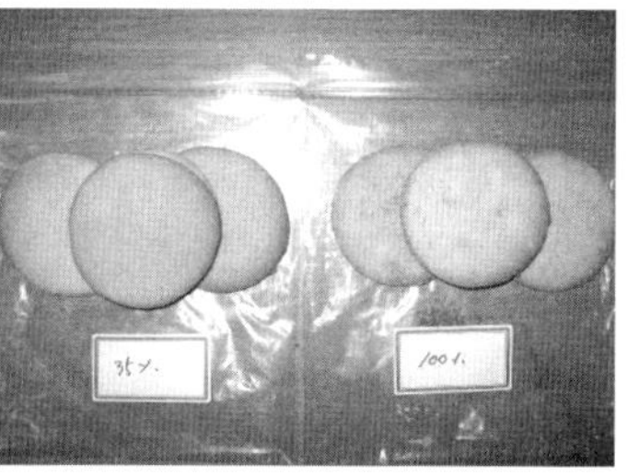

비지 비스킷 시료

효모 생균사료를 이용한 무항생제 청정돈육

어린 시절, 시골 고향 집 앞마당에 돼지우리가 있었다. 어머니는 새벽 장에 채소를 내다파신 뒤 식당을 돌며 손님들이 남긴 음식물들을 갈색의 큰 고무대야에 담아 머리에 이고 오셨다. 이것을 '구정물'이라고 불렀는데, 여기에 방앗간에서 모아온 쌀겨를 섞으면 훌륭한 사료가 되었다. 나는 매일 돼지의 사료 당번을 맡았고 한 달에 한번은 돼지우리 대청소도 했다. 이렇게 키운 '구정물 돼지'는 고기 맛이 특별히 좋고 담백할 뿐만 아니라 육질이 쫄깃쫄깃해 비싸게 팔 수 있었고, 그 돈은 고스란히 우리 육남매의 등록금이 됐다.

1995년 미국 텍사스 보건대에서 2년 동안 연구교수로 재직하다 귀국해보니 내가 사는 천안시에 초유의 음식물쓰레기 대란이 일어났다. 쓰레기 매립장 주변의 주민들이 음식물쓰레기가 마을에 악취를 풍기고 지하수를 오염시킨다며 반입차량들을 못 들어오도록 막고 나선 것이었다. 열흘 넘게 민원이 해결되지 않자 천안시내는 거리마다 온통 주민들이 버린 음식물쓰레기로 넘쳐나 악취가 진동했고 덩달아 파리도 들끓었다.

이때부터 나는 어린 시절 기억을 되살려 버리기 아까운 남은 음식물을 기질(미생물 먹이)로 이용해 효모 생균사료를 만드는 연구를 시작했다. 독일에서 진행했던 박사학위 실험논문 주제가 바이오 알코올 생산 후 남은 증류폐수에 효모를 키워 사료용 생균사료를 생산하는 연구였기 때문에 바로 착수할 수 있었다. 이미 귀국해서도 (주)진로와 산학협동으로 같은 주정폐수의 효모 사료화 연구를 수행한 바 있다. 나는 당시에 아프리카에서 분리해온 100여 종 가운데 가장 생산성이 높았던 효모균주를 활용했는데 아주 잘 증식해 성공적으로 연구를 진행시킬 수 있었다. 이제는 음식물쓰레기가 귀한 생균사료로 거듭 난 것이다. 이것을 일반 배합사료와 혼합해 돼지에게 먹이니 돼지에게 항생제를 안 먹여도 병에 안 걸리고 잘 성장해 육질이 부드럽고 맛있는 돈육이 생산되었다. 이 돈육은 콜레스테롤과 중성지방 함량이 적어 건강에도 좋았다. 이뿐만 아니라 음식물쓰레기에 유산균을 넣어 효모와 혼합 배양하는 공법을 개발했다. 이러한 공법은 소문을 타고 널리 퍼져서 수십 개 지자체에서 시설을 도입했다. 나는 이 연구를 하면서 많은 논문을 썼고 여러 곳을 찾아다니며 발표도 했다. 그 결과 1998년도에는 고 김수환 추기경으로부터 제6회 천주교 환경상(과학기술부문)을 받았다.

그후 한 기업과의 공동연구가 환경부 차세대 과제로 선정되었고, 10억 원이 넘는 연구비와 시설비를 받아 7,000두가 넘는 돈사에서 실증연구를 성공적으로 진행시켰다. 위생적으로 수거한 남은 음식물을 가열해 살균한 뒤 잘 부수고 여기에 막걸리나 김치 등의 발효식품에서 분리한 효모와 유산균 등 발효균을 키우면 젖산이나 알코올도 생성돼 부패가 방지된다. 더구나 발효균은 냄새 성분을 먹고 자라므로 악취도 사라지고, 요구르트처럼 정장작용을 해서 가축의 위장을 튼튼하게 해준다. 따라서 요즘 내성균 때문에 민감한 환경문제를 낳고 있는 항생제를 투여할 필요가 없어진다.

나는 더 나아가 남은 음식물을 미생물의 기질로 이용해 좀 더 적극적으로 효모생균을 다량으로 생산하는 단세포단백질(Single Cell Protein) 생산공법을 개발했다. 곱게 갈아 살균한 다음 인과 무기 질소원 등 몇 가지 영양소를 보충해 만든 액체배양액에 유산균과 효모균을 혼합해 통기 발효시키니 1그램당 100억 마리가 넘는 액체 생균사료를 만들 수 있었다. 음식물 내 고형분의 절반 가까이가 균체로 전환된 이 생균제제(Probiotics)를 사료에 고형분 대비 10퍼센트 정도 첨가해주면, 기존의 배합사료처럼 항생제를 전혀 첨가하지 않아도 돼지의 폐사율이 거의 제로에 가깝다는 사실을 확인했다. 항생제를 첨가하지 않고 배합사료만 먹일 경우 보통 폐사율이 50퍼센트를 넘어선다. 이것은 살아 있는 유산균이 다른 부패균이나 병원성 세균들이 자라지 못하도록 박테리오신이라는 펩타이드 계통의 항균제를 만들고 효모가 정장작용을 돕기 때문이다.

우리 음식물쓰레기에는 주로 김치, 된장, 청국장 등 발효음식이 많기 때문에 하루만 지나도 저절로 젖산균 등의 발효성 세균이 증식하면서 산도가 크게 증가해 pH가 4 이하로 떨어진다. 또한 마늘이나 고추 등에 함유된 천연 항균물질 때문에 부패균이나 병원균이 증식하기가 매우 어렵다. 한국인이 '중증급성호흡기증후군(사스)'에 걸리지 않은 이유가 김치처럼 면역력을 키워주는 발효 음식을 많이 먹기 때문이라는 연구 결과도 있다. 한국의 미생물 연구진들이 인도네시아에 직접 가서 조류독감에 걸린 닭들에게 김칫국물을 먹인 결과 90퍼센트가 나았다고 한다.

2006년 여름 그동안 공동연구를 함께 한 교수들과 대학원생, 회사직원들, 환경부 생활폐기물과 공무원 등 많은 관련 인사들을 초대해 '무항생제 청정돈육을 생산하는 사람들'이라는 주제로 남산 문학의집에서 세미나를 열었다. 세미나가 끝난 다음에는 우리 시조에 클래식 기타 연주를 접목시킨 새로운 형태의 음악을 소개하는 작은 음악회를 열고, 이와 함께 연구 결과 생산한 돼지고기로 만든 바비큐 파티를 열었다. 다들 특별히 돼지고기의 지방질이 꼬들꼬들하고 맛이 있다며 고기맛에 감탄사를 연발했다. 돼지고기의 맛이 좋은 이유는 돼지가 건강하게 자랐기 때문이다.

그러나 이 연구는 현재 중단된 상태다. 2005년 구제역이 돌 때 농림수산식품부가 음식물쓰레기 사료가 의심된다고 발표하자 농민들이 음식물쓰레기 사료를 구매하지 않아 판매가 거의 중단되었다. 이 때문에 전국 곳곳에 설치된 100여 곳에 이르던 남은 음식물 사료화 시설의 상당수가 멈추게 되었다. 그러나 실제로 음식물 사료를 먹인 축산농가에서 구제역이 발병한 경우는 단 한 건도 없었다. 이것은 구제역바이러스가 pH4.5 이하의 낮은 산도에서는 살수 없기 때문이고, 오히려 발효균들이 구제역을 방지하는 역할을 했을 것이라고 생각한다. 그럼에도 농림수산식품부의 방침은 변하지 않고 사료화 시설을 방치한 채 싱크대에서 음식물을 잘게 갈아버리는 디스포저(Disposer)를 설치해 하수도로 흘려버리거나 재활용을 하더라도 부가가치가 훨씬 더 낮은 메탄가스 발효 쪽으로 더 치중하고 있다. 현재 사실상 대부분의 음식물쓰레기는 고형분을 분리해 매립하고 여기서 나온 침출수는 다른 축산폐수나 폐수처리장에서 나온 오니폐수들과 함께 연근해의 바다에 투기하고 있다. 이로 인해 근처에 서식하는 어류들이 다이옥신에 심각하게 오염되어 국민 건강을 위협하고 있는 실정이다. 2013년부터는 해양투기도 금지되어 새로운 처리방법을 시급히 개발해야 한다. 이 때문에 음식물쓰레기를 이용해 효모와 유산균 혼합 생균사료를 생산하는 프로젝트를 다시 복원시킬 필요가 있다. 일본 미야자키현에서 발효미생물 EM을 이용해 구제역을 극복한 사례가 있다. 우리는 우리의 토착 발효미생물을 이용해보

자. 우리 음식은 서양 음식과는 달리 각종 발효식품이 주를 이루고 국물이 많아 섞이면 pH가 낮아지면서 부패가 방지된다. 효모와 유산균, 고초균 등 각종 발효균이 자라서 젖산이나 알코올을 생성하기 때문이다. 구제역 바이러스는 pH4.5 이하의 강한 산성에서 살아남지 못한다는 약점이 있다. 이것은 살아있는 유산균이 다른 부패균이나 병원성 세균들이 자라지 못하도록 박테리오신이라는 항균제를 만들기 때문이며, 따라서 항생제도 줄일 수 있다. 자연친화적인 방법이어서 효과는 천천히 오지만 한번 뿌리내리면 더 강하고 쉽게 흔들리지 않는다. 이제는 골칫거리인 음식물쓰레기의 고부가 가치 재활용법인 남은 음식물 사료화 사업을 다시 일으켜야 할 때다.

천연 항산화제와 면역물질 연구

　　군복무를 마친 뒤 고려대 식품공학과 대학원에서 석사논문을 쓰기 위해 처음으로 과학자의 길로 들어섰을 때, 나의 첫 번째 연구 주제는 '들깨에 함유된 항산화 물질의 분리와 확인'이었다. 지금은 이러한 천연 생리활성 물질에 대한 연구가 활성화되어서 식품 과학자라면 차, 나물, 한약재들이 함유한 항산화제에 대한 연구를 한두 번씩은 안 해본 사람이 없을 것이다. 그러나 당시에는 누구도 관심을 기울이지 않았던 불모지와 다름없었다. 나는 참기름은 상온에 두어도 쉽게 상하지 않는데 왜 들기름은 금방 상하는지 매우 궁금했다. 따라서 두 기름이 서로 다른 산패의 양상을 보이는 데는 이유가 있을 것이라고 생각했다.

산패는 기름이 변질되는 것인데 이것은 산소를 흡수해 과산화지질이 생기기 때문이다. 이 과산화지질은 연쇄반응을 일으켜 계속 지방을 과산화지질로 만들고, 일부는 분해되어 나쁜 냄새가 나는 저분자 물질이 되거나 일부는 이중결합이 서로 붙어 중합되어 고분자 물질이 된다. 비닐장판이 생기기 이전에는 오래된 들기름을 비료부대 종이에 발라 장판으로 사용했는데 이것은 고분자 물질이 생겨 질겨서 쉽게 닳아 없어지지 않기 때문이다. 석사학위 논문연구 결과 들깨는 기름을 짠 뒤 항산화제인 클로로겐산이 기름으로 녹지 않고 깻묵에 남아서 기름이 쉽게 산화되었던 것이다. 그러나 참깨는 항산화제인 세사몰이 기름에 녹으므로 기름을 짜내도 기름에 그대로 남아 있어 쉽게 산패되지 않는다.

항산화제란 산화를 억제하는 물질들을 말한다. 산화란 어떤 물질이 공기 중의 산소와 결합하여 열을 방출하는 현상을 말하며 보통 연소를 의미한다. 그러나 이것은 급격히 일어나는 산화의 한 모습일 뿐이고 자연계에서는 다양한 종류의 산화가 일어난다. 특정 금속이 산소와 서서히 결합하면서 산화될 경우 여기서 생긴 전자를 흘려보내 전기형태의 에너지로 이용하도록 고안한 것이 전지다. 또한 인간이 숨을 쉬고 살기 위해 신진대사를 하는 모든 과정도 산화라고 할 수 있다. 호흡으로 흡수한 산소를 혈액을 통해 수십조 개의 인체 세포에 공급하고 섭취한 음식물을 에너지로 만드는 과정 모두가 산화작용인 것이다.

밥이나 국수 등 주식의 성분인 탄수화물이 작은 구성분자인 당으로 소화된 후 역시 혈액을 통해 세포 내에 흡수된다. 세포 내의 당 성분들은 미토콘드리아라는 기관에서 산화 과정을 거쳐 물과 이산화탄소로 분해된다. 이 과정을 거쳐 나온 전자들은 고에너지 인산결합을 갖는 아데노신삼인산이라는 물질로 근육에 저장되었다가 힘이 필요할 경우 사용된다. 그러나 이러한 신진대사 과정에서 사용되는 산소의 일부는 반응성이 강해 우리 몸을 망가뜨리는 자유기 산소(Free Radical, 유해산소)로 변한다. 이렇듯 산소는 우리에게 꼭 필요한 존재이지만 반드시 좋은 역할만 하는 것은 아니다. 강철이 공기 중의 산소에 의해 녹슬고 과일의 색이 어둡게 변하듯이 인체도 산화작용으로 불가피하게 조직이 손상되기 때문이다. 이에 대항해 식물들이 자유기 산소에 의한 체내 세포조직의 산화를 억제시키기 위해 면역체계가 생산한 물질이 바로 페놀성 항산화제다. 다년생 약초나 산삼이 우리 몸에 좋은 것은 바로 이러한 물질들을 오랫동안 다량으로 축적했기 때문이다. 이러한 식물성 항산화제는 당뇨, 고혈압, 뇌졸중 등 현대인들이 걸리기 쉬운 만성병을 예방하는 만병통치약이다.

산화는 세포의 얇은 막을 구성하는 유지에서도 일어난다. 우리 몸은 에너지를 얻기 위해서 음식물을 소화할 때 세포 속의 미토콘드리아라는 기관에서 대사 과정을 통해 산소를 소모하는데, 이때 어쩔 수 없이 유해물질인 자유기 산소가 생긴다. 자유기 산소란 한 마디로 말하면 짝 잃은 산소다. 안정된 산소는 2개의 산소 원자가 갖고 있는 전자들이 서로 쌍을 이루고 있지만, 미토콘드리아 내에서 산화 과정의 부산물로 생긴 일부 산소는 홀로 원자 상태로 존재하며 짝 없는 전자를 가진 매우 불안정한 자유기 산소(Free Radical)가 되는 것이다. 자유기 산소는 안정된 상태로 돌아가기 위해 인체 세포를 마구 휘젓고 돌아다니며 전자를 구하고자 한다. 이 때문에 인체 세포가 전자를 빼앗겨 손상되는데, 이로 인해 주로 만성질병인 동맥경화, 뇌졸중, 치매, 만성 폐질환, 암 등이 생긴다. 최근에는 노화를 설명하는 과정에서도 자유기 산소 이론이 크게 설득력을 갖고 있다.

항산화 작용이란 자유기 산소의 공격을 방어하는 작용이며, 예방적 차원에서 많은 질병을 방어하는 벽을 마련해주는 데 큰 의미가 있다. 비타민 C, 비타민 E, 폴리페놀 계통과 이에 속한 플라보노이드, 베타카로틴, 셀레늄, 시스테인 등이 우리 몸에서 자유기 산소를 없애주는 대표적인 항산화제다. 요즘은 이런 항산화제를 추출된 형태의 정제나 캡슐 제품으로도 볼 수 있지만, 신선한 과일, 마늘, 당근 같은 채소, 견과류 등에도 풍부하게 함유되어 있다. 중요한 것은 이런 음식을 섭취할 때 될 수 있으면 신선한 것을 껍질째 먹는 것이 좋다. 신선하지 않은 음식은 산화방지는커녕 오히려 그나마 몸에 존재하는 항산화 벽을 파괴할 수 있는데 과일이나 채소의 항산화 물질은 대부분 껍질에 더 많이 함유되어 있기 때문이다. 이것은 햇빛의 자외선이 자유기 산소를 만들기 때문에 이를 빨리 제거하기 위함이다. 차는 항산화제의 측면에서 단연 돋보이는 음료다. 비타민 C

나 비타민 E보다 더 강력한 효과를 나타내기도 하며, 차의 폴리페놀은 여러 항산화제와는 다른 기전과 효과를 나타내고 있으며, 발효차에 비해 녹차가 단연 우수한 효과를 보인다.

나는 자연을 조작하지 않고 있는 그대로 유용한 식물과 미생물 자원을 찾아내 이용하는 천연물 연구에만 매달리고 있다. 천연 항산화제 중에서도 주로 식물성 항산화제인 폴리페놀계의 산이나 플라보노이드 물질을 연구했는데 대개 이들 물질은 항균 능력까지 있어 피부보호에 좋다. 특히 산화로 일어나는 피부노화나 자외선에 노출되어 생기는 기미, 주근깨의 원인이 되는 멜라노이딘 색소의 침착을 방지해준다. 뿐만 아니라 죽어가는 세포를 살려 상처를 아물게 하는 항염작용과 바이러스나 곰팡이 등 유해 미생물들을 죽이거나 억제하는 항균작용 등 폭넓은 면역성을 나타낸다. 이 물질들은 식물 세포들이 유해산소에 의한 산화 스트레스, 병원성 미생물, 해충 등으로부터 자신을 지키기 위해 만든 천연 면역물질이다.

이들 폴리페놀계 항산화성 물질은 식품첨가물로 오랫동안 사용된 인체에 해로운 합성 항산화제인 BHA, BHT, TBHQ 등의 대체물질로 연구되었으나, 이제는 종합 면역물질로 사람들의 건강 유지에 필수적인 물질로 인식되고 있다. 수십 년 동안 라면 등의 산화방지제로 가장 널리 사용되어 왔던 BHA는 환경호르몬 의심 물질로 판단되어 이제는 식품에 사용이 제한되고 있다. 또한 BHT도 위장독성이나 돌연변이원 등으로 작용한다는 사실이 알려지면서 사용이 금지되었다.

오보 항균 면역비누의 탄생

우리 연구실의 항산화제 연구 결과 만들어진 최초의 상품은 약초 추출물과 항균성 계란 단백질로 만든 오보 비누였다. 한 식품회사에서 오랫동안 연구원으로 일했던 경험이 있는 사장이 창업한 교내 벤처기업과 공동으로 개발했다. 100여 종의 재래 약초들을 샅샅이 비교 검색해 항산화성과 항균성이 높은 구기자, 오미자, 숙지황, 감초, 계피를 선택했고, 여기에 라이조자임(Lysozyme)과 오보트랜스페린(Ovotransferrin) 등의 항균성 단백질을 함유한 계란 단백질을 첨가해 피부보호용 항균 면역비누인 오보 비누를 만들었다. 이 비누는 계란으로 만든 특이한 비누라며 TV를 통해 널리 소개되기도 했다.

호서대는 우리나라에서는 처음으로 벤처기업들을 유치해 학교 내에 기업을 키우는 인큐베이터 건물을 두었는데 호서대 이름을 달고 생산된 이 비누는 주로 학교 홍보용으로 사용되었다. 오보 비누는 특히 노인들의 소양증과 머리 가려움증에 큰 효과를 나타냈고 강한 햇볕에도 피부가 잘 타지 않아 골프를 치러 다니는 사람들이 좋아했다. 또한 아토피나 여드름의 완화는 물론 무좀에도 좋았다. 여러 사람들이 평생 치료했으나 실패한 무좀을 완치했다는 고백을 했는데, 저녁에 비누로 거품을 내서 문지르고 물로 씻지 않고 그냥 말린 채 잤다고 한다. 우리는 이 비누의 항균 실험을 실시해 학술대회에서 그 효과를 실용논문으로 발표하기도 했다. 오보 비누를 한번 써본 사람들은 다른 비누를 못 쓰겠다는 말을 할 정도로 반응이 좋았다. 특히 천안 광제병원의 김용균 원장은 악성 가려움증인 소양증에 시달려왔는데, 이 비누를 사용한 뒤 깨끗이 없어졌다며 3사 TV 프로그램에 모두 자진해 출연하며 효능과 자신의 경험을 자세히 설명해주었다. 이 비누는 평소 함께 환경운동을 해왔던 문국현 유한킴벌리 사장의 소개로 유한양행과 수차례 접촉한 결과 비누의 품질을 인정받았지만 벤처회사 사장이 유한과 가격협상에서 실패해 유한의 이름을 달고 시장에 나오지는 못했다. 요즘에는 한 대기업에서 오보 비누의 원료에 클로렐라를 첨가한 아토피용 비누를 팔고 있는데, 비누 값이 워낙 비싸서 아쉽게도 대중화되지 못했다. 그러나 오보 비누는 10년이 넘은 지금도 생산되고 있어 이 비누의 마니아들에게 여전히 사랑받고 있다.

초창기 오보 크린 계란비누

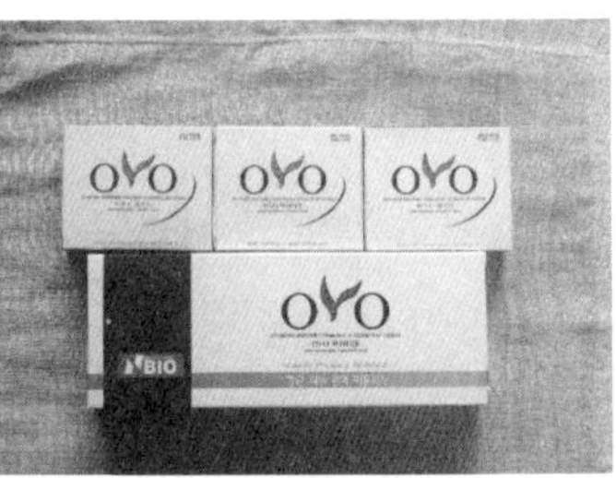

현재 시판되는 제품

알로에 연구

1993년부터 2년 동안 텍사스 보건대에 포스트닥터 과정 연구부교수로 발령을 받고 가족이 함께 미국 남부인 샌안토니오 시로 이사를 갔다. 당시 재미 과학자로서 노화 연구분야의 세계적 석학 반열에 오른 유병팔 교수님의 연구실에서 남양 알로에 회사로부터 10만 달러가 넘는 알로에 연구비를 받게 되어 연구를 진행하고 있었다. 유 교수님은 절식 연구분야의 대가로 음식을 적게 먹을수록 동물들이 건강해지고 수명이 길어진다는 연구 결과를 발표해왔다. 이 연구실에서는 알로에의 항산화 물질과 항염 물질을 연구했고 더 나아가 알로에를 쥐의 먹이에 첨가했을 때 쥐의 수명이 얼마나 연장되는가에 대한 실험도 동시에 진행했다. 나는 알로에를 알코올이나 에틸아세테

이트 등의 용매로 추출해서 역가가 높은 항산화 물질을 분리해내는 작업을 했고 다른 실험실의 한 미국인 여교수는 따로 항염 물질을 연구했는데 결론은 동일한 구조를 가진 물질로 판명났다. 이 결과는 먼저 세계특허를 취득한 후 권위 있는 학술지인 「Free Radical Biology&Medicine」에 논문으로 발표되었다.

알로에는 성서에도 5번이나 언급되는 중요한 식물로 구약에는 민수기 24장 6절, 시편 45편 8절, 잠언 7장 17절, 아가서 4장 14절에 나와 있다. 알로에는 모기나 벌레에 물렸을 때, 상처를 입거나 화상을 입었을 때 가정 상비약으로 사용되었다. 신약에는 예수님이 십자가에서 돌아가신 후에 니고데모가 몰약과 침향을 섞은 것을 예수님의 시신에 발랐다(요한복음 19장 39절)는 내용이 나온다. 여기서 침향은 향나무의 교목으로 중국에서 오역된 것을 그대로 사용했기 때문인데 영어에는 'Mixture of myrrh and aloes, about a hundred pounds weight'라고 기록되어 있어 원래 알로에가 맞다. 몰약과 알로에를 섞은 용액으로 십자가에 못 박혀 구멍 나고 채찍에 맞아 찢어진 상처를 닦아내고 정성스러운 마음으로 예수님의 주검을 정리하였던 것이다.

내가 실험실에서 분리한 항산화제는 비타민 E와 기본 골격구조가 같은 크로몬의 일종으로 예수님의 상처를 아물게 한 알로에의 바로 그 항염작용을 했던 물질이었던 것이다. 돌연변이나 암을 유발할 수 있는 합성 항산화제를 대체하기 위해 자연 항산화제 연구가 시작되었으나, 요즘은 연구 결과 항암, 항염, 항노화 등의 효과가 밝혀지면서 인체의 건강과 기능성을 높여주는 신물질로 각광을 받고 있다.

세계특허
Identification of a potent antioxidant from Aloe barbadensis, 1996, PCT US95/07404

알로에

손바닥 선인장 천년초 연구

2000년대 초에 인근 선문대학에서 환경문화운동에 관심이 있는 신동춘 교수님의 초청으로 환경 강연을 열었는데, 마치고 나니 스님 한 분이 찾아오셨다. 이분은 인취사 주지인 혜민 스님이었는데 이 만남은 나의 연구에서 중심 테마인 손바닥 선인장 천년초(Opuntia Humifusa)와 백연잎 연구의 시작이 되었다. 혜민 스님은 추사 김정희를 섬기며 산다는 말을 들을 정도로 서예에 조예가 깊으셨고 추사 기념관을 짓는 일을 추진하고 있었다. 스님은 시를 쓰셨으며 우리 역사와 철학 등 인문학에 상당한 식견을 지니셨을 뿐만 아니라 특별히 환경운동에 관심이 많으셨다. 그래서 우리는 처음부터 의기투합하여 만나기만 하면 오랫동안 환경문제와 한국사에 대한 대화를 나눌 수 있었다.

혜민 스님은 나에게 꼭 연구해보라며 영하 20도가 넘는 한겨울 혹한에도 얼어 죽지 않는 우리나라 토종 선인장인 천년초를 재배하는 한 총각 농부이자 벤처 기업가인 김복현 씨를 소개했다. 이 젊은 농부는 연구실을 찾아와 몇 년 내에 알로에처럼 몇 백억 원의 대기업으로 키우겠다고 포부를 털어놓으며 천년초 연구를 부탁해 흔쾌히 수락했다.

지구상에는 4,000여 종의 선인장이 있는데 그중 열매가 달린 선인장은 손바닥 선인장으로 불리며 예로부터 식용이나 식품 대용으로 사용되어왔다. 손바닥 선인장은 기관지, 천식, 기침, 폐질환, 위염, 변비, 장염, 신장염, 고혈압, 당뇨, 심장병, 신경통, 관절염 등에 효능이 있는 것으로 알려져 있다. 손바닥 선인장의 즙은 이뇨 효과, 장운동의 활성화 및 식욕증진 효능이 있고, 민간요법으로 피부질환, 류마티스 및 화상 치료에 사용되어왔다. 한편 제주산 손바닥 선인장의 효능과 성분에 대한 다양한 연구 결과들이 있는데, 흰 쥐를 대상으로 한 면역계 세포의 활성화에 대한 연구, 대장균 등 식중독 미생물 6종에 대한 항균 효과와 항산화 효과 등이 발표된 바 있다. 그러나 한국 토종의 내한성 손바닥 선인장인 천년초 선인장에 대한 연구는 미미하여 생리활성에 관한 연구는 추출물에 대한 항산화 효과, 항균 효과만이 있으며 그 외 식빵, 젤리, 절편 등을 제조할 때 첨가할 경우 생기는 품질 변화에 관한 연구만이 이루어지고 있다. 천년초 선인장은 손바닥 선인장으로 널리 알려진 제주산 백년초와는 달리 영하 20도의 혹한에서도 생존이 가능해 수년에서 수십 년 생의 경작이 가능한 다년생 식물로 벌레가 끼지 않아 농약을 사용할 필요가 없다.

이 선인장은 어린 시절에 누구네 집이나 화단에 심을 정도로 흔한 식물이었으며, 잔가시가 많고 손바닥 모양으로 생겼다. 상처가 나거나 화상을 입었을 때 구급약으로 사용했으며 음식으로 먹기도 했다. 그러나 아파트 문화가 확산되고 몸에 좋다고 알려지면서 마구 남획되어 거의 사라지고 잊혀진 식물이다. 열대성 작물인 선인장은 기온이 영하로 내려가면 얼어 죽지만, 이 선인장은 겨울에 수분 함량을 3분의 1 정도로 줄여서 쭈글쭈글해진 상태로 땅바닥에 납작하게 누워 눈에 덮인 채 겨울을 난다. 키는 작고 주로 옆으로 뻗지만 수명이 수십 년 이상이라 원래 태삼(太蔘)이라는 이름도 갖고 있었다.

천년초는 당시 먼저 널리 알려졌던 제주도의 백년초 선인장과 비교해 김복현 사장이 새로 만든 이름이다. 백년초 선인장도 손바닥 선인장의 일종이지만 키가 사람 키에 이를 정도로 매우 크고 영하의 추운 날씨에서는 살지 못해 주로 제주에서 다년생으로 널리 재배되고 있으며, 천년초와는 달리 줄기보다는 주로 자주빛 열매가 이용되고 있었다.

천년초는 예전부터 한국에서 자생해 많은 이들이 토종으로 알고 있지만, 사실은 전세계의 건조한 지역에 널리 분포하며 특히 지중해 연안과 중부 아메리카 지역에 널리 퍼져있다. 천년초의 내한성은 삼투압에 의한 것으로 당과 만니톨이 축적되어 얼음의 생성이나 세포

내 동결 탈수를 방지하고, 키가 큰 백년초와는 달리 지면 가까이에
서 자라므로 얼지 않는다. 관절염, 암, 파킨슨병 등의 치료 효과가 보
고되었고 항산화, 항염증, 항혈소판 작용이 있어 기능성 식품으로 개
발 가능성이 크다.

우리 연구실에서는 천년초의 일반 분석과 항산화 및 항균 작용을
연구했고, 천년초의 대표적인 생리활성 물질을 분리하고 구조를 결
정해 확인하는 연구를 실시했다. 또한 천년초를 이용해 빵을 만들
어 반죽의 특성을 보는 연구도 진행했다. 천년초는 봄에는 노란 꽃
이 피고 가을에는 빨간 열매가 달리는데 뿌리부터 열매까지 모두
다 먹을 수 있다. 그중 우리는 주로 줄기에 대한 연구를 했다. 특히
플라보노이드 함량이 고형분의 5퍼센트가 넘을 정도로 다른 식물
에 비해 수십 내지 수백 배 높고 작은 가시가 있어서인지 농약을 전
혀 치지 않아도 벌래가 얼씬도 하지 않는다. 또한 칼슘 함량이 고형
분의 7퍼센트에 이르러 멸치보다 높고 식이섬유 함량이 고형분의 절
반이나 된다. 그야말로 기능성 식품에 들어가는 물질이 한 곳에 모
인 셈이다.

우리는 항산화 항균력이 뛰어나고 항염증 효과도 있는 추출물에
서 탁시폴린(Taxifolin)이라는 물질을 분리해냈다. 이물질을 비롯한
플라보노이드 성분을 주성분으로 '천년초 치약'을 만들었는데 잇몸
이 붓거나 피가 나는 등 잇몸병을 예방하는데 효과가 탁월해 많은

사람이 이 치약의 효능에 찬사를 아끼지 않았다. 그리고 천년초를 으깨서 동결 건조시킨 가루를 빵에 첨가하는 실험을 했는데, 빵의 노화를 방지해 신선한 조직감을 유지해주는 역할을 했다. 또한 칼국수나 수제비를 만들 때 천년초를 마쇄한 액을 10퍼센트 정도 첨가하면 색깔이 좋고 잘 붇지 않으며 쫄깃한 맛을 낸다. 그래서 일산에는 천년초 칼국수집이 성업 중이다. 이제는 이 집에서 다른 칼국수 집으로 퍼져나가 다섯 집으로 늘어났다. 칼국수는 천년초의 영양성분을 100퍼센트 이용할 수 있는 가공식품이며 라면으로도 개발 중이다. 이외에도 다른 학교에서는 천년초의 피부보호 효과와 간보호 효과 등의 다양한 연구가 진행되어 좋은 결과를 얻고 있다.

계절에 따라 다른 천년초의 모습과 천년초 치약

연잎 연구

혜민 스님은 충남 아산 인취사에 연못을 파서 백련을 키우고 마당의 수많은 대야에는 아름다운 형형색색의 꽃을 피우는 수련을 띄우고 있다. 벌써 30여 년 전부터 백련을 보급해, 지금은 전국 4,000여 곳에서 백련을 키운다고 한다. 전북 부안, 강화도, 양주군 능내리 다산마을 등 전국 곳곳에서 백련축제를 할 정도로 널리 퍼졌다. 스님 말씀에 따르면 수많은 연꽃 중에서도 오직 백련만이 인체에 해롭지 않아 먹을 수 있다고 한다. 오곡밥을 연잎에 싸면 연잎향의 은은함 뿐만 아니라, 연잎의 항균력 때문에 밥이 쉽게 쉬지 않고 오래 보존할 수 있다. 우리 집에서는 연밥을 박스로 사서 냉동실에 보관했다가 주로 아침에 꺼내 데워 먹는데 연잎 향기가 너무 좋아서 먹을 때마다 행복하다. 다만 아쉬운 것은 연잎이 좀 질겨서 연밥을 먹을 때 잎까지 함께 먹는 사람들이 많지 않다는 사실이다. 사실 연잎은 천연 생리활성 물질 외에도 식이섬유가 매우 많아 우리 몸에는 최고의 음식이다. 연잎으로 술도 담고 차도 만들 수 있다.

혜민 스님은 근처 야산에서 늦겨울에 추위를 뚫고 나온 야생 목련꽃 봉오리를 따서 말렸다가 차를 끓일 때 반 쪽씩 넣는데 아주 향기로워 차의 맛을 한껏 돋워준다. 스님이 매년 연잎차를 손수 덖어 한 상자씩 우리 집에 보내주시는 덕에 우리 집에는 1년 내내 연잎차 향기가 끊이지 않는다.

연(Nelumbo Nucifera)은 물에 떠서 자라는 수생식물로서 아시아 남부, 북호주가 원산지다. 주로 연못에서 자라고 논밭에서 재배되기도 하는데 인도와 중국을 중심으로 열대, 온대의 동부아시아를 비롯한 한국, 중국, 일본 등에 널리 분포하고 있으며 일반적으로 불교에서 신성시해온 식물이다. 꽃은 관상용과 차의 재료로 이용해왔으며 잎과 뿌리는 식용해왔다. 연잎차는 잎을 말린 것으로 맛이 쓰고 성질은 유하며 예로부터 출혈성 위궤양이나 위염, 치질, 출혈, 설사, 두통과 어지럼증, 토혈, 산후 어혈치료, 야뇨증, 해독작용 등에 민간 치료제로 사용해왔다.

처음에 혜민 스님의 초청으로 아산의 인취사를 찾았을 때 점심 공양으로 먹은 김치가 아주 아삭아삭하고 싱싱했다. 그 이유를 물었더니 백련 잎을 함께 넣어서 담갔기 때문이란다. 이 날 만남이 계기가 되어 우리 연구실에서는 김치의 보존 기간을 늘리기 위해 연잎을

첨가한 김치를 담는 연구를 수행했는데 보존 기간이 보통 김치의 2
배 정도는 늘어난다는 결론을 얻었다. 항균력 때문에 같은 조건에서
김치를 쉬게 만드는 유산균의 증식 속도가 2배로 늦어졌고, 연잎 성
분이 조직을 무르게 하는 펙티네이즈(Pectinase)를 억제시켜 싱싱한
조직감을 오랫동안 유지시켜주었다. 펙티네이즈는 조직을 단단하게
유지시켜주는 펙틴을 분해시키는 효소다. 다른 김치가 시어 꼬부라
질 정도가 되어도 백련 잎을 넣어서 담근 김치는 아직도 새로 담근
것처럼 아삭아삭해 약간 기이하다는 생각이 들 정도였다. 혜민 스님
은 연잎을 자주 먹으면 살이 안 쪄서 다이어트에 좋다고 했다. 특히
아이들을 뚱뚱하게 만드는 햄버거 빵을 만들 때 연잎을 넣어 만들
면 비만걱정을 안 해도 될 것이라며 꼭 특허를 냈으면 좋겠다는 의
견을 자주 피력했다. 이 때문에 당시 우리 연구실에서 연잎을 주제로
논문 실험을 진행했는데, 주로 항산화 물질의 분리와 연잎 추출물의
지방분해 효과를 연구했다.

어떤 물질의 다이어트 효과를 평가할 때는 실험하고자 하는 물질
을 일정기간 사료에 섞어 쥐에게 먹인 후 체중을 비교한다. 보통 지
방을 많이 넣은 고지방 식이와 일반 식이로 다이어트 효과를 비교
하는데 여기에 연잎 추출물을 섞어 먹인 후 체중을 비교한다. 보통
고지방식을 먹은 쥐가 일반식을 먹은 쥐보다 30퍼센트 정도 체중이
많이 나가는데, 고지방식에 연잎 추출물을 첨가해서 사육한 뒤 비교
해보니 체중 증가가 일반 식이와 차이가 없었다. 이것은 연잎 추출물

의 체지방 분해 효과가 매우 크다는 것을 의미하므로 스님의 말씀이 증명된 것이다. 스님 말씀대로 연잎을 첨가한 빵을 만들 수는 있지만, 빵의 맛이 큰 변수가 되기 때문에 이것을 현실화시키기에는 넘어야 할 산이 매우 많다.

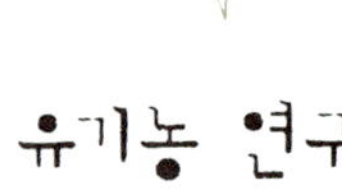

유기농 연구

우리는 대부분 농약을 뿌려 대량 생산한 농산물을 먹고 산다. 그러나 이런 농산물은 잔류 농약으로 인한 환경호르몬은 물론 각종 부작용을 일으킬 수 있어 안전하지 않다. 이러한 이유로 최근 유럽연합은 아예 농약의 사용을 전면 금지하는 안을 실행에 옮기고 있다고 한다.

이제는 농업 방식도 화학비료와 농약의 사용을 줄이고 퇴비나 생물농약의 사용을 늘리는 방식으로 변하고 있다. 그러나 친환경 농산물 재배에 관련된 정보는 많지만, 유기농산물의 영양적 가치평가와 활용을 위한 품질 특성에 대한 연구는 거의 이루어지지 않았다. 이에 따라 우리 연구실에서는 친환경 재배가 농산물의 품질 특성에 미치는 영향을 규명하기 위한 연구 일환으로 유기농으로 재배된 채소와 일반 채소의 영양 및 각종 기능성 성분의 함량을 측정하여 비교 분석하였다.

본 연구에서는 시료로서 재배지가 표시되어 있는 농산물 중에서 유기농산물은 한살림 매장에서, 일반 농산물은 일반 마트에서 구입하여 사용하였다. 분석 시료는 가장 보편화되고 주변에서 쉽게 구할 수 있는 농산물로 무, 양배추, 오이, 토마토, 쪽파, 양파를 선택하였다. 정량적 분석은 총 고형분 함량과 주요 무기질류 외에 최근 건강에 대한 인식이 높아짐에 따라 각광받고 있는 영양 생리활성 물질인 비타민 C, 칼슘, 총 페놀성 화합물과 플라보노이드 함량에 대하여 실시하였다.

일반 농산물이 인삼이라면 유기농산물은 산삼

고형분 함량이 높으면 단단하고 질긴 특성이 있으며, 수확 후 저장성이 높아지고 섭취 시 아삭한 식감을 주어 선호도가 높다. 실험 결과 토마토를 제외한 모든 군에서 유기농산물이 일반 농산물에 비해 고형분 함량이 높게 나왔다. 특히 양배추의 경우 약 60퍼센트, 무는 28퍼센트 더 높게 나왔다. 이는 유기농산물이 일반 농산물에 비해 그만큼 총 영양적 가치가 더 높다는 사실을 보여주는 결과다.

조회분 측정 결과도 쪽파를 제외한 모든 유기농산물이 일반 농산물에 비해 높게 측정되었다. 특히 양배추는 74퍼센트, 양파는 42퍼

센트, 오이는 39퍼센트, 무는 31퍼센트가 더 높아 유기농 채소가 일
반 채소에 비해 미네랄의 함량이 훨씬 풍부하다는 사실을 알 수 있
다. 체내에 가장 많이 함유되어 있는 무기질로 인체의 골격을 구성하
는 성분인 칼슘도 일반 농산물에 비해 유기농산물의 함량이 더 높
게 측정되었다. 특히 칼슘의 경우 유기농 양배추가 일반 양배추보다
54퍼센트 더 들어 있었다. 양파는 11퍼센트, 무는 11퍼센트 높았다.
인 함량을 분석한 결과 양배추, 오이, 쪽파, 양파 등 4개 품목에서 유
기농산물이 일반 농산물에 비해 높게 측정되었다. 특히 양파는 일반
농산물보다 무려 66퍼센트 이상 더 많이 함유한 것으로 나타났다.
양배추와 오이도 30퍼센트 이상 더 함유했다.

 항산화제로 비타민 A의 전구체인 베타카로틴 함량을 측정한 결과
양파와 양배추에서는 거의 측정되지 않았고, 오이의 경우 유기농산
물이 75퍼센트나 더 높게 나타났다. 비타민 C의 함량도 모든 군에서
유기농산물이 일반 농산물보다 높게 측정되었다. 특히 오이는 32퍼
센트나 더 많았고 양배추의 경우도 유기농산물이 100그램당 39.3밀
리그램으로 일반 농산물의 34.3밀리그램보다 5밀리그램 더 많게 측
정되었다.

 총 페놀함량 분석 결과 다른 농산물들보다 무와 쪽파, 양파의 함
량이 높았고 특히 양파의 경우 일반 농산물보다 59퍼센트나 더 높
아 매우 높은 항산화 활성을 가질 것으로 추측한다. 항산화나 항균
특성, 항염작용을 보여주는 성분들이 대부분 페놀구조를 가지고 있

기 때문에 총 페놀 함량은 항산화제 등 기능성 물질 함유 정도의 척도가 된다. 플라보노이드는 페놀 계통의 천연 식용색소로도 이용되며 항균, 항암, 항바이러스, 항알레르기 및 항염증 활성 등의 기능성을 지닌다. 반면 독성은 거의 나타나지 않는 것으로 보고되고 있다. 실험 결과 모든 군에서 유기농산물이 일반 농산물에 비해 매우 높게 측정되었다. 특히 쪽파는 다른 채소에 비해 플라보노이드 함량이 매우 높았다. 토마토와 무, 양파는 유기농산물이 일반 농산물보다 무려 2배가 넘은 높은 함량을 보였고 양배추는 89퍼센트, 쪽파도 34퍼센트나 높았다. 유기농 채소들이 일반 채소에 비해 다른 어떤 성분보다도 플라보노이드 함량이 높게 나온 것은 그만큼 면역력이 높다는 것을 뜻한다. 것을 뜻한다. 플라보노이드는 식물체에 존재하는 대표적인 피토케미컬로 해충을 쫓거나 항균, 항산화 및 항염 능력을 갖는 식물체의 면역물질이며 특유의 고유한 맛을 나타낸다.

유기농산물들은 대체로 고형분 함량이 높아 맛이 고소하며 향기가 진하고 비교적 치밀한 조직을 갖고 있다. 이것은 질소질 화학비료를 사용하지 않아 수분 함량이 비교적 낮기 때문이다. 또한 농약을 사용하지 않아 스스로 자신을 지키기 위한 항균성 면역물질들을 만들기 때문에 고유의 맛이나 향이 진해진다. 반면 농약을 쳐서 키운 관행농산물들은 해충이나 병원성 미생물들이 주변에서 사라지므로 스스로 면역물질을 만들 필요가 없게 된다. 이 때문에 온실에서 키운 과일의 맛은 달고 채소의 조직은 부드러워졌지만 본연의 향기와 맛을 상실하였다.

산삼이 귀한 것은 농약을 치지 않았기 때문에 스스로 해충이나 바이러스 진균류 등을 퇴치하기 위한 항균 면역물질들을 만들어 수십 년 동안 축적했기 때문이다. 이번 연구 결과 플라보노이드 함량 분석에서 유기농산물이 월등히 높게 나온 것은 매우 큰 개가라고 생각한다. 성분 연구를 지속적으로 발전시켜 유기농산물이 면역물질의 보고라는 사실을 널리 알려야 할 것이다.

요즘, 우리는 정말 지구상에서 제일 맛있는 김치를 먹고 있다. 가을에 한강변 고향텃밭에 무를 심었는데 산 흙을 70센티미터 정도 덮어 객토를 한 다음 농약은 물론 비료도 안주고 절대 유기농으로 키웠다. 다른 무에 비해 크기는 작고 제각각이지만 단단하고 약간 맵고, 그야말로 야무진 맛의 무로 석박지를 담갔는데 국물 맛이 기가 막혔다. 식구들도 유기농 김치의 맛에 감탄사를 연발하고 있다. 유기농작물은 위대하다. 농약과 비료의 도움 없이 햇빛과 바람의 도움으로 스스로 그 많은 해충과 병원성 미생물들을 물리치고 자라서 진한 향기를 머금고 식탁에 올랐다. 산삼과 무엇이 다르랴?

주말농장에서 유기농 채소 가꾸기

주말, 우리 가족은 근교 유기농장에 간다. 아이들은 또래의 친구들을 만나 농장 옆을 타고 흐르는 실개천에서 다슬기와 가재를 잡느라 여념이 없다. 우리는 먼저 호박과 가지, 고추를 찾아 한 바구니를 만든다. 김을 매는 데 농약을 사용하지 않아서인지 풀 향기가 싱그럽다. 일하다가 쉬면서 농장 옆을 흐르는 실개천에 담가둔 시원한 좁쌀 막걸리를 꺼내와 원두막에서 마시는 그 맛은 일품이었다. 그리고 일이 끝나고 고춧잎이나 호박잎까지 한 짐 챙겨가 집으로 향할 때의 기분은 정말 뿌듯하다. 어떤 때는 집에 와서 고춧잎을 다듬느라 밤늦게까지 잠을 못 잔다. 그러나 다음날 아침에는 오히려 몸이 가뿐해져 몸의 활기찬 기운이 3~4일은 더 간다.

이렇게 많은 일로 지쳤는데도 오히려 몸에 활기가 도는 것은 식물들이 내뿜는 각종 향기물질들을 마셨기 때문이다. 숲 속의 나무들이 내뿜는 치톤피트도 유사한 물질로 항균력과 산화 방지력이 큰 면역증강 작용을 한다. 등산으로 땀을 있는 대로 다 쏟은데다가 평소보다 운동량이 많았는데도 오히려 몸이 더 가뿐해지는 것은 바로 이런 물질들을 많이 마셨기 때문이다. 식물의 향기성분은 대부분 식물 세포들이 자신을 공격하는 해로운 병원성 미생물이나 해충, 그리고 유해 산소를 제거해 스스로를 보호하기 위해 만든 휘발성 저분자 물질로 피토케미컬류에 속한다. 식물체 속에 소량 함유된 폴리페놀, 카로티노이드, 테르페노이드, 피토스테롤, 설파이드와 각종 펩타이드들은 해충이나 유해 미생물을 퇴치하고 유해 산소로 인해 야기되는 인체 세포의 산화적 손상을 막아주어 암이나 심혈관계 질환, 류마티스

관절염 등 만성질병을 예방하고 치료하는 데 큰 효능이 있다. 따라서 이들 피토케미컬류 물질들은 우리 몸의 건강을 증진시키고 질병을 예방해주는 보약이다.

그러나 농약이나 비료를 주어 키운 일반 채소나 과일들은 피토케미컬의 함량이 상대적으로 낮다. 그 이유는 항생제나 살충제 등의 농약이 이러한 역할을 대신 해주기 때문에 따로 피토케미컬을 만들 필요가 없기 때문이다. 따라서 이들은 수확해 저장할 경우 유기농산물과는 달리 쉽게 상한다. 이런 채소나 과일들은 부모의 과보호에서 자란 요즘 아이들처럼 보기에는 좋을지 몰라도 속으로는 매우 유약하다.

유기농 채소를 일반 농작물과 분석·비교해보면 폴리페놀 등의 피토케미컬류와 황색소인 안토시아닌, 비타민 A가 되는 베타카로틴, 비타민 C가 2~3배나 높다. 특히 엽록소인 클로로필은 무려 6배나 높고 식이섬유와 미네랄 성분도 일반 농작물의 2배에 달해 값이 좀

천안 아산 환경연합 회원들의 주말농장

비싸더라도 영양가로 따지면 훨씬 더 경제적인 셈이다. 유기농 총각무는 잔뿌리가 많고 작으며 모양이 제각각이지만 먹을 때는 '딱' 하는 경쾌한 소리가 날 정도로 무질이 야무지고 맛도 아주 고소하다. 더구나 오랫동안 보관해도 무르지 않아 다음 김장 때까지 1년 내내 맛있게 먹을 수 있다. 유기농 배추는 노란 속이 훨씬 진하며 닦지 않고 그냥 먹어도 고소한 맛이 난다. 유기농 감귤은 껍질이 얇고 검은 반점이 많지만 향기가 진하고 맛이 새콤달콤하다. 이것은 모두 각종 면역 성분의 함량이 높기 때문이다.

한국은 사계절이 뚜렷해 기후와 기온 차이가 심하므로 식물들이 살아남으려면 이러한 면역물질을 몸에 많이 축적해야 한다. 이렇게 유기농작물들은 피토케미컬류를 다량 함유한 매일 먹는 보약이다. 국산 유기농 채소나 과일, 곡류, 견과류들을 계속 먹으면 고유의 맛과 향이 진할 뿐만 아니라 감기나 몸살은 물론 고혈압, 동맥경화, 암도 비켜갈 수밖에 없다. 이 때문에 난 농약을 쳐서 키운 채소나 야채, 곡류 등 모든 현대 산업농에 의해 값싸게 생산된 쓰레기 음식들이 정상적인 음식이 아니라고 선언한다. 이런 나쁜 음식들을 일생동안 먹으니 현대인들이 대사병인 당뇨와 고혈압 심장병으로 천천히 죽어가고 아이들도 태어나면서부터 면역이상증상인 아토피와 천식에 걸리는 것이다.

숨을 쉬고, 음식을 먹고, 물을 마시는 일은 생명체가 존재하기 위한 필수행위다. 따라서 '스스로 그러하다'란 자연(自然)의 뜻대로 먹는 행위를 자연스럽고 깨끗하게 유지하는 것은 바로 우리 몸은 물론 다른 모든 생명체들을 살리는 길이다. 숨을 쉬는 것은 섭취한 음식을 산화시켜 에너지를 얻기 위해 필요한 산소를 우리 몸에 공급하는 행위이고, 마신 물도 우리 몸에서 일어나는 신진대사에서 각종 물질을 녹여서 효소와 접촉하도록 매개해 주는, 즉 모든 생화학적 반응의 용매로 이용된다. 땅이나 물에서 자라난 모든 과일이나 야채, 동물로 조리된 식품들은 우리 몸에서 대사를 통해 필요한 에너지로 전환되고 필요한 물질로 이용되거나 합성된다. 이처럼 우리 몸은 다른 모든 생명체와 마찬가지로 하늘과 땅과 물과 연결되어 있고 지구 전체의 물질순환과 에너지평형의 절묘한 조화를 이루어야 건강하게 유지된다.

그런데 수확을 늘리기 위해 땅에다 농약을 뿌리거나 유전자 조작 식물로 생태계를 오염시키거나 하는 일들은 결국엔 모두 우리 몸에다 하는 몹쓸 짓으로 생명을 죽이는 행위다. 이것은 이익을 얻기 위해 자연을 조작하는 행위로 자연철학의 정신인 무위자연(無爲自然)에 어긋난다. 그래서 우리 선조는 서로 다른 많은 생명체가 조화롭게 사는 자연을 본받는 것이 사람이 가야할 길인 도리(道理)로 생각해 서로 살리는 상생(相生)의 정신을 중시했다. 이 때문에 이기적인 행위로 자연의 질서를 어지럽히는 자들을 가장 경계했다.

스승이 될 만한 완성된 인간을 뜻하는 군자(君子)를 태이불교(泰而不驕)라고 했는데 이는 군자는 태연하지만 교만하지 않다는 뜻이다. 군자는 공동체 내에서 서로의 역할을 존중할 뿐 구태여 누가 더 잘났나 비교하지 않기 때문이다. 군자는 서로 다름을 인정하고 서로의 역할을 존중하니까 교만하거나 비굴할 까닭이 전혀 없다는 뜻이다. 더 나아가 서로 존중함으로써 각자의 역할을 충실히 수행할 수 있도록 서로 도우면 생태계가 건강해지는데 이것이 바로 유교에서 강조하는 충(忠)의 개념이다. 한자 뜻 그대로 마음속에 있는 참된 뜻이다. 과학적으로는 종 다양성의 원리로 설명될 수 있는데 생태계가 건강하게 유지되는 데 다양성과 생명체들 간의 공생은 필수조건이다. 따라서 충(忠)은 이익을 얻기 위해 권력자에게 아부하라는 뜻이 아니라 공동체 전체의 건강함 삶을 위해 자기 역할을 다하라는 천명(天命), 즉 하늘의 뜻인 것이다. 우리는 어리석게 이웃과 경쟁하지 말고 각자 자기 안의 게으름과 불성실과 무력함과 싸워 각자의 할일을 열심히 하면서 서로 격려해주면 누구나 아름다운 행복한 세상을 만들 수 있다.

오세영 시인의 '한강은 흐른다'에는 바로 이러한 자연철학사상이 자연스럽게 우리의 역사와 문화를 배경으로 녹아 있는데 특히 '저마다 생의 등불 환하게 밝히면서 오늘도 은하수로 묵묵히 흐른다'는 바로 이 시의 정수다. 만일 자연계에서 눈도 코도 없는 미물에 불과한 지렁이들이 사라진다면 지하세계의 유기물질순환이 멈춰 이세상은 죄다 생명이 사라진 사막이 되어버릴 것이다. 또 하찮은 개미조차도 유기물의 절반이 넘는 셀룰로오스를 유효하게 분해하는 유일한 생명체로 죽은 초목들을 분해하여 숲을 건강하게 유지하는데 기여한다. 마찬가지로 인간에게 백해무익하다고 생각되는 모기도 없어진다면 먹이사슬이 끊어지면서 곤충생태계에 재앙이 닥칠 수 있다. 지렁이도 모기도 사람 못지않게 생태계에는 다 중요한 것이다.

노자는 생이불유(生而不有)란 말로 생태계의 특징을 표현했는데 이는 '살아있되 서로 없는 듯이 사는 동식물'들을 표현한 말이다. 우두머리가 있어도 없는 듯이 산다는 장이부재(長而不再)도 같은 표현이다. 호랑이가 아무리 힘이 세도 자기와 새끼들 굶주리지 않을 정도만 살상을 하는데 인간은 이익을 얻기 위해 동물들을 닥치는 대로 잡아 죽여 박제를 만들거나 보양식으로 이용해 멸종이 될 지경에 이르렀다. 동물들은 수컷들이 암컷을 차지하기위해 힘을 겨루는 정도로 경쟁을 하지만 인간은 돈과 권력을 차지하기위해 끊임없이 전쟁을 일으켜 수천만 명을 죽이고 살인을 저질러왔다. 다 돈과 권력이 만든 죄다.

공자는 자신의 이익만을 추구해 자연의 질서를 깨는 소인배를 동이불화(同而不和)로 표현했는데 소인배는 바른말을 하는 이들을 꺼리고 서로 이익을 추구하는 비슷한 이들끼리만 모이나 실상 저희끼리도 화합하지 못하여 무력으로 위계질서를 유지한다. 사실 이렇게 따지면 경제적 이익을 추구하고 돈과 권력으로 세계를 식민지화해 온 서구물질문명은 소인배 중심사회인 것이다. 이 때문에 결국 자연이 급속히 망가져 지구온난화가 나타나고 식량부족, 환경호르몬 등의 문제는 물론 구제역이나 조류독감 사태가 되풀이되고 있는 것이다. 특히 우유나 달걀을 잘 생산하고 빨리 자라 살이 찌는 효율적인 가축을 똑같은 사료를 먹여 축사에서 밀집해 키우는 것은 무위자연을 위배한 대표적 자연조작행위다. 이렇게 가축들을 키우면 면역력이 크게 떨어져 전염병이 돌면 순식간에 수천, 수만 마리가 몰살당한다. 얼마 전 우리나라에서 구제역으로 400만 마리에 가까운 소와 돼지를 산채로 땅에 묻어버렸다. 이는 돈을 많이 벌기 위해 동물들의 생명과 권리를 경시했기 때문에 초래된 것이다. 그런데 이것은 단지 시작에 불과하다. 만일 인간과 비슷한 유전자를 가진 돼지 안에 서식

하는 바이러스가 인간에게도 병을 일으키는 유전형질로 변이가 일
어나면 제1차 세계대전 때처럼 수천만 명이 죽는 비극이 일어날 수
있다. 지금은 예전과 달리 사람들 간의 교류와 접촉이 빈번하기 때
문에 질병이 삽시간에 퍼져 페스트가 유행할 때처럼 몰살당할 수도
있다.

우리 음식엔 자연철학의 정신인 무위와 상생의 정신이 담겨있다.
자극적인 육류가공식품과 튀김음식 일색으로, 비만과 당뇨, 고혈압
같은 만성병을 일으켜 우리 몸을 서서히 고통스럽게 죽이는 서구 음
식과는 다르다. 갖가지 싱싱한 나물들과 자연 미생물의 발효로 만들
어진 채식위주의 우리 전통발효식품은 깊은 맛이 있고 건강에도 최
고다. 이젠 우리의 정신을 담은 우리 음식으로 세계를 건강하게 만
들 때다.

나는 문화운동을 통해 우리 음식의 우수성을 널리 알리고자 노력
해왔다. 일상에서 건강한 식생활을 할 수 있도록 '식생활 십계명'과
어린이들이 우리 발효음식을 좋아하도록 '김치된장청국장'이란 노래
를 만들었다. 또한 우리 민족의 자연철학 정신이 담긴 오세영 시인의
'한강은 흐른다' 시에 곡을 부쳤다. 홈페이지(www.singreen.com)를
방문해 노래을 직접 들어보길 권하며 이 글을 마친다.

2011년 신묘년 새아침에

청화(靑華, 푸르게 아름다운) 이기영 씀

식생활 십계명

하나. 감사하며 먹는다.

둘. 골고루 먹는다.

셋. 싱겁게 먹는다.

넷. 천천히 꼭꼭 씹어 먹는다.

다섯. 적게 먹고 안 남긴다.

여섯. 채식을 늘린다.

일곱. 유기농산물을 애용한다.

여덟. 우리발효식품을 즐긴다.

아홉. 화학조미료를 안 쓴다.

열. 패스트푸드와 가공식품을 피한다.

※ 식생활십계명 (기고 '건강식탁' 엄마에 달렸다, 「조선일보」 2002년 1월 25일)

김치된장청국장 사, 곡 이기영

후렴) 김치된장청국장 냄새가 나긴하지만

시원하고 구수한맛 우리 몸엔 보약이지요.

치킨 피자 햄버거 기름지고 입에 달지만

비만 당뇨 고혈압으로 우리 몸을 망가뜨려요.

매일같이 실컷 먹어도 절대로 물리지 않는

날씬하고 튼튼해지는 신토불이 우리 먹거리

※ 2004년 8월 10일, EBS '생방송 부모' 프로그램에서 처음 발표되었으며 초등학교 1년 바른생활지도서에 수록
되었다.

한강은 흐른다 오세영 시, 이기영 곡

한강은 흐른다

산과 들 사이길로

복숭아 진달래 꽃망울 터뜨리며

오늘도 무지개로 소리없이 흐른다

한강은 흐른다

논과 밭 사이길로

청보리 무배추 파랗게 물들이며

오늘도 비단길로 말없이 흐른다

눈보라 휘날린들 멈출 수 있으랴

폭풍우 몰아친들 돌아갈 수 있으랴

흐르고 흘러서 영원이리니

대양에 이르러야 우리인 것을

한강은 흐른다

마을과 도시를 지나

저마다 생의 등불 환하게 밝히면서

오늘도 은하수로 묵묵히 흐른다

※ '한강은 흐른다'시에 곡을 붙여 대운하 반대 음반으로 발표했는데 (참고, "민족혼 흐르는 한강 화물 실어 나르라니" 「경향신문」, 2008년 03월 26일) 이 곡은 이제 〈내 마음의 노래선정 한국가곡100곡 집〉에 수록되었고 최근엔 중등음악교과서에도 실려 명실 공히 한민족의 영가로 자리매김하고 있다.

부록 – 식품별 GI 수치표

육류(100g당)

육류	칼로리	GI 수치
베이컨	405	49
콘 비프	203	47
닭 간	111	46
로스햄	196	46
비엔나 소시지	321	46
소시지	321	46
쇠고기 로스	318	46
쇠고기 사태	209	46
쇠고기 저민 것	224	46
햄	247	46
꼬치고기(말린 것)	145	45
닭 가슴살	105	45
닭 날개	191	45
닭고기 저민 것	166	45
닭다리	200	45
돼지고기 사태	183	45
돼지고기 안심	396	45
돼지고기 저민 것	221	45
쇠고기 등심	186	45
쇠고기 살코기	334	45
쇠고기 안심	454	45
양고기(로스)	236	45
오리고기	129	45
전갱이(말린 것)	168	45
전갱이	121	40

과일류(100g당)

과일류	칼로리	GI 수치
딸기잼	262	82
파인애플	51	65
황도 통조림	85	63
파인애플 통조림	84	62
수박	37	60
체리 통조림	74	59
건포도	301	57
귤 통조림	64	57
바나나	86	55
망고	64	49
포도(테라웨어)	59	48
포도(거봉)	59	47
자두(말린 것)	235	44
멜론	42	41
복숭아	39	41
감	60	37
석류	56	37
체리	60	37
사과	54	36
키위	53	35
레몬	54	34
블루베리	49	34
자두	49	34
귤	46	33
배	43	32
오렌지	46	31
딸기	34	29
유자	59	28
아보카도	187	27

곡류 / 빵 / 면류	칼로리	GI 수치
팥빵	280	95
바게트	279	93
식빵	264	91
찰떡	235	85
정백미	356	84
롤빵	316	83
생우동	270	80
찹쌀	374	80
팥 찰밥	189	77
베이글	273	75
콘푸레이크	381	75
인스턴트 라면	445	73
마카로니	378	71
배아미	354	70
빵가루	373	70
소면(말린 것)	356	68
크로와상	448	68
녹말가루	330	65
보리(압맥)	340	65
스파게티(말린 것)	378	65
스파게티(삶은 것)	149	65
현미 푸레이크	340	65
중화면(생)	281	61
밀가루(박력분)	368	60
튀김가루		60
생메밀	274	59
현미(오분도미)	353	58
흰죽	71	57
현미	350	56

	칼로리	GI 수치
밀가루(강력분)	366	55
오트밀	380	55
호밀빵	264	55
메밀(말린 것)	344	54
발아현미	340	54
통밀빵	277	50
율무	380	49
현미죽	70	47
소맥(전립분)	328	45
메밀국수	342	32

유제품/ 계란(100g당)

유제품 / 계란	칼로리	GI 수치
가공치즈	339	31
고다치즈	380	33
날계란	151	30
요구르트	65	33
마가린	758	31
버터	745	30
생크림	433	39
아이스크림	212	65
우유	67	25
저지방 우유	46	26
카망베르 치즈	310	31
커티지 치즈	105	33
커피크림	211	24
크림치즈	346	33
탈지분유	346	33
파르마산 치즈	475	33
플레인 요구르트	62	25

설탕/ 과자/ 음료(100g당)

설탕 / 과자 / 음료	칼로리	GI 수치
그래뉴당(정제설탕)	387	110
백설탕	384	109
캔디	396	108
흑설탕	354	99
초콜릿	557	91
봉밀(벌꿀)	294	88
찹쌀떡	235	88
도너츠	387	86
캐러멜	433	86
생크림 케이크	344	82
초콜릿 케이크	437	80
핫케이크	261	80
쿠키	432	77
치즈 케이크		75
크래커	492	70
감자 칩	554	60
푸딩	126	52
코코아	276	47
젤리(젤라틴)	45	46
콜라	46	43
스포츠 드링크	19	42
천연 오렌지주스	42	42
정종	103	35
맥주	40	34
와인	73	32
커피(무당)	4	31
소주	206	30
녹차	0	10
홍차(무당)	1	10

야채/ 근채류(100g당)

야채 / 근채류	칼로리	GI 수치
감자	76	90
당근	37	80
참마	108	75
옥수수	92	70
토란	58	64
고구마	132	55
호박	93	53
마늘	134	49
우엉	65	45
연근	66	38
표고버섯(말린 것)	182	38
양파	37	30
토마토	19	30
송이	23	29
팽이버섯	22	29
대파	28	28
새송이버섯	24	28
완두	36	28
생 표고버섯	18	28
생강	30	27
강낭콩	23	26
무	18	26
부추	21	26
양배추	23	26
죽순	26	26
콜리플라워	27	26
피망	22	26
가지	22	25
브로콜리	33	25

대표연구논문 및 특허

1. 우리 콩 두유와 비지 비스킷
「유기농산물의 성분분석 및 비교」, 호서대 기초과학연구소 논문집 제17집, pp. 59-77, 2009
「균질기 압력을 변화시켜 제조한 두유의 유화안정성」, 한국식품영양과학회지 35(10), 14341438, 2006
콩비지 쿠키 제조방법, 특허 제 10-0870538

2. 효모생균사료를 이용한 무항생제 청정돈육
「Yeast biomass production from concentrated sugar cane stillage using thermotolerant strain Candida rugosa」, Journal of Microbiology and Biotechnology, 23(2), pp.114-116, 1995
「Continuous process for yeast biomass production from sugar beet stillage by a novel strain of Candida rugosa and protein pofile of the yeast」, Journal of Chemical Technology and Biotechnology, 1996, 66, pp.349-354
「종균첨가에 의한 음식물찌꺼기의 발효사료화」, 폐기물자원화 5(1), 1-13, 1997
「효모에 의한 남은 음식물의 호기성 액상발효」, 한국유기성폐자원학회지 8(4), pp.147-152, 2000
「음식물쓰레기 사료화기술의 현황과 전망」, 한국유기성폐자원학회지 9(2), pp.7-15, 2001
「남은 음식물로 호기적 액상효모발효를 이용한 생균사료를 생산할 때 생균수에 대한 교반속도의 영향」, 폐기물 자원화, 9(4) pp.99-104, 2002
「고온세균을 이용한 남은 음식물의 호기적 액상발효」, 폐기물자원화, 10(3) pp.126-131, 2002
「Lactobacillus acidophilus와 Saccharomyces cerevisiae를 이용한 남은 음식물의 생균사료화에 대한 공기주입의 영향」, 한국폐기물학회지 11(4), pp.111-115, 2003
「각종 미생물에 의한 음식물쓰레기 침출수의 악취저감효과와 유기물 자원화」, 13(2), pp.91-97, 2005
「음식물류폐기물의 돼지발효사료화를 위한 종모배양액 제조, 유기물 자원화」, 15(2), pp.98-108, 2007

3. 천연 항산화제와 면역물질
「생약추출물과 난단백질을 함유한 비누의 항산화 및 항균효과」, 호서대학교 기
초과학연구소 논문집, 제 7집, pp.97-110, 1999
「피부보호용품 제조를 위한 한국재래약초의 항산화성 연구」, 대한동의병리학회
지 18(2), pp.517-521, 2004
항균성 비누조성물, 특허 등록번호 0433181, 2004
수용성 계란흰자위단백질의 제조방법, 특허등록번호 0438671, 2004
「Identification of a potent antioxidant from Aloe barbadensis」, 1996, PCT
US95/07404
「Identification and isolation of phenolic antioxidant from Aloe barbadensis」,
Free Radical Biology & Medicine 28(2), pp.261-265, March 1, 2000
우나리야, 안명수, 이기영, 「알로에 추출물의 유지에 대한 항산화효과」, 학국조
리학회지 11(5), 1995

4. 손바닥 선인장 천년초 연구
「병원성식중독미생물에 대한 천년초 선인장 추출물의 항균활성」, 한국식품영양
과학회지 33(8), pp.1268-1272, 2004
「천년초추출물의 항산화 효과」, 한국식품과학회지 37(3), pp.474-479, 2005
「천년초 분말을 첨가한 우리 밀 식빵의 품질특성」, 한국조리학회지 23(4), p
461-468, 2007
「천년초선인장으로부터 분리한 페놀성 화합물의 생리활성 효과」, 한국식품영양
과학회지 39(8), pp.1132~1136, 2010

5. 연잎 연구
「연잎추출물의 항균 효과」, 한국식품영양과학회지 35(1), pp.219-223, 2006
「연잎추출물의 항산화 효과」, 한국식품영양과학회지 35(2), pp.182-186, 2006
「연잎추출물로부터 항산화 효과 물질의 분리 및 동정」, 호서대 기초과학 제 14
집, pp.39-55, 2006
「연잎의 일반성분, 비타민, 무기질 함량분석 및 항산화 효과」, 한국식품영양과
학회지 37(12),
pp.1622~1626, 2008

참고 도서

1. 『하버드메디컬 스쿨이 들려주는 웰빙푸드(원제 Eat, drink and Be Healthy)』, Wlalter C. Willet, 동아일보사, 2004
2. 『바른 식생활이 나를 바꾼다』, 김수현, 일송미디어, 2002
3. 『아이를 변화시키는 두뇌음식(원제 Disease-Proof Your Child)』, Joel Fuhrman, 이아소, 2009
4. 『희망의 밥상(원제 Harvest for Hope)』, Jane Goodall, 사이언스북스, 2006
5. 『비만의 제국(원제 Fat Land)』, Greg Critser, 한스미디어, 2004
6. 『천년한식견문록』, 정혜경, 생각의 나무, 2009
7. 『죽음의 밥상(원제 The Ethics of What We Eat)』, Peter Singer, Jim Mason, 산책자, 2006
8. 『마흔의 밥상』, 야마다 도요후미, 살림, 2008
9. 『식품전쟁(원제 Food Wars)』, Tim Lang, Michael Heasman, 아리, 2007
10. 『소박한 밥상(원저 Simple Food for the Good Life)』, Helen Nearing, 디자인 하우스, 2001
11. 『한국식품학 입문』, 이철호, 권태완, 고려대학교 출판부, 2004
12. 『과자, 달콤한 유혹』, 안병수, 국일미디어, 2006
13. 『환경호르몬의 반격』, Lindsey Berkson, 아롬미디어, 2006
14. 『얼굴 없는 공포, 광우병 그리고 숨겨진 치매 』, Colm A, Kelleher, Ph. D., 고려원북스, 2006

이기영 박사의 참살이 건강혁명

음식이 몸이다

펴낸날	초판 1쇄 2011년 5월 30일
	초판 3쇄 2011년 12월 21일

지은이	이기영
펴낸이	심만수
펴낸곳	(주)살림출판사
출판등록	1989년 11월 1일 제9-210호

경기도 파주시 문발동 522-1

전화 031)955-1350 팩스 031)955-1355

기획 · 편집 031)955-4671

http://www.sallimbooks.com

book@sallimbooks.com

ISBN 978-89-522-1541-3 13520

※ 값은 뒤표지에 있습니다.

※ 잘못 만들어진 책은 구입하신 서점에서 바꾸어 드립니다.

책임편집 박종훈